半导体材料

王如志 刘维 刘立英 编著

清华大学出版社
北 京

内容简介

本书是为材料、物理及电子信息等本科专业编写的教材，介绍了半导体材料的结构特性、制备工艺、测试表征、发展历程及研究前沿。全书共分5章，第1章为半导体材料概述；第2章为典型半导体材料；第3章为半导体材料的制备与工艺；第4章为纳米半导体材料；第5章为半导体材料测试与表征；附录为典型半导体材料的性能参数。本书尽量避免过多的理论阐述，结合作者多年科研积累，力求采用通俗易懂的语言讲清楚半导体材料的基本内容与思想方法，并着重突出了近年来纳米半导体材料发展及相应的新的理论成果、技术方法与器件应用。

本书可作为从事半导体材料及相关研究的科研人员和相关专业研究生的参考书。

图书在版编目(CIP)数据

半导体材料/王如志，刘维，刘立英编著. —北京：清华大学出版社，2019.12(2024.2重印)
ISBN 978-7-302-54297-1

Ⅰ.①半… Ⅱ.①王… ②刘… ③刘… Ⅲ.①半导体材料—高等学校—教材 Ⅳ.①TN304

中国版本图书馆CIP数据核字(2019)第271684号

责任编辑：袁　琦
封面设计：何凤霞
责任校对：赵丽敏
责任印制：丛怀宇

出版发行：清华大学出版社
网　　址：https://www.tup.com.cn，https://www.wqxuetang.com
地　　址：北京清华大学学研大厦A座　　**邮　　编**：100084
社 总 机：010-83470000　　**邮　　购**：010-62786544
投稿与读者服务：010-62776969，c-service@tup.tsinghua.edu.cn
质量反馈：010-62772015，zhiliang@tup.tsinghua.edu.cn
印 装 者：涿州市般润文化传播有限公司
经　　销：全国新华书店
开　　本：185mm×260mm　　**印　　张**：10.25　　**字　　数**：245千字
版　　次：2019年12月第1版　　**印　　次**：2024年2月第5次印刷
定　　价：48.00元

产品编号：063300-01

前言

半导体材料涉及材料科学、凝聚态物理、微纳加工技术与电子信息等多学科的交叉领域，是应用微电子和光电子技术的基础，是推动现代信息技术蓬勃发展的关键元素。2014年，诺贝尔物理学奖授予第三代半导体典型材料 GaN 的制备及其 LED 应用，激发了人们对于以 GaN 为代表的第三代半导体材料研究的热情以及对半导体材料相关知识学习的强烈愿望。近年来，半导体材料在飞速发展的 5G 技术与中美贸易战中反复提及的“卡脖子”芯片中的重要应用，特别是中国在半导体芯片材料及技术上的短板尤其引起了人们的关注与重视。目前市面上的半导体材料相关教材较为缺乏，且知识陈旧，主要针对第一代半导体——Si 基半导体相关理论知识，远不能跟上目前半导体材料技术日新月异的发展速度，尤其是纳米半导体材料方面。基于此，本书定位于理工科院校的本科生，期望为培养新一代半导体材料技术人才做出贡献。尤其是目前经典半导体材料技术已发展到极限，本书将重点突出第三代半导体与纳米半导体材料的相关基础理论与工艺技术，为下一代半导体材料技术人才的培养储备良好的基础知识，让读者了解半导体材料的重要性及其应用基本原理、未来发展的技术难点与关键点，从而激发更多人投身于半导体材料事业，逐步改善我国半导体材料产业落后的局面。

本书由王如志负责总体规划、章节设计及主要内容构思，第 1 章由刘维撰写，第 2 章由刘立英撰写，其余章节与附录由王如志撰写并且对书稿进行了统编。

本书得到了北京工业大学“京华人才”支持计划与北京工业大学本科重点建设教材项目的经费资助。此外，我的部分研究生参与了本书的文档编辑，格式规范及图表处理工作，在此一并表示衷心的感谢。

作者

2019 年 10 月

目录

第1章

半导体材料概述

 半导体材料的发展与应用

半导体现象在19世纪被发现，随后半导体材料引起了人们的关注与重视。英国的法拉第(M. Faraday)在1833年发现硫化银的电阻随着温度的上升而减小，这种现象与金属的电阻随温度的上升而增大的现象相反，这属于一种典型的半导体现象。法国的贝克勒尔(A. E. Becquerel)在1839年发现了半导体的光生伏特效应，即半导体与电解质接触在光照条件会产生电流、电压的现象。随后，一些半导体效应与现象逐渐被发现。英国的史密斯(W. Smith)在1873年发现了某些晶体材料在光照下电导率增加的光电导效应。德国的布劳恩(F. Braun)在1874年发现了现代半导体最重要的应用特性——半导体的整流效应，观察到某些硫化物的电导与所加电压方向相关，正向电压导通，反向电压截止。此外，英国的舒斯特(A. Schuster)在同年也发现了铜与氧化铜的整流效应。显著不同于普通金属的半导体效应在1880年以前就被发现了，但"半导体"这个名词大约到1911年才被考尼白格(J. Konigsberger)和维斯(I. Weiss)首次提出。而对于半导体材料以上基本特性测试及其物理根源分析直到1947年才由美国的贝尔实验室完成。

半导体材料自正式确认与提出以来，发展迅速，直至今日，已经历几代的发展。通常，硅、锗元素半导体材料被认为是第一代半导体。以硅基半导体为代表的第一代半导体材料技术成熟，发展广泛，现在已被应用到社会生活各个领域，成为现代社会发展的技术基石。第二代半导体材料一般指一些化合物，其发展主要是在第一代半导体材料发展过程中发现并应用的。第二代半导体材料包括：砷化镓(GaAs)、锑化铟(InSb)等二元化合物半导体；GaAsAl、GaAsP等三元化合物半导体，还包括一些固溶体半导体，如Ge-Si、GaAs-GaP；非晶半导体；酞菁、酞菁铜、聚丙烯腈等有机半导体等。在第二代半导体中，砷化镓半导体材料制备与应

用技术最为成熟。第三代半导体材料通常又被称为宽禁带(宽带)半导体材料(禁带宽度一般大于 2.2eV)。代表性宽带半导材料主要包括碳化硅(SiC)、氮化镓(GaN)、氧化锌(ZnO)、金刚石、氮化铝(AlN)等。与第一代、第二代半导体材料相比,由于第三代半导体具有禁带宽度大、击穿电场高、热导率大、电子饱和漂移速度高、介电常数小等独特的性能,因此在光电器件、电力电子、射频微波器件、激光器和探测器件等方面展现出巨大的应用潜力,当前成为国际半导体研究的热点研发领域。新近开展的第四代半导体材料主要指以量子阱、量子线和量子点为代表的一些低维半导体。

半导体材料是在应用的基础上逐步发展起来的。半导体材料最初主要是利用方铅矿、黄铁矿等的整流效应制作检波器件。到 1927 年,美国物理学家已成功研制了可初步用于工业的硒整流器和氧化亚铜整流器。1931 年,兰治(Lange)和伯格曼(Bergmann)成功研制了硒光伏电池。1932 年,德国科学家先后成功研制硫化铅、硒化铅和碲化铅等半导体红外探测器,并在第二次世界大战时的侦探机和战舰中得到了应用,英国曾利用红外探测器多次侦探到了德国的飞机。即使在现代战争中,半导体红外探测器仍扮演着重要的角色。虽然 20 世纪初期半导体材料的应用研究非常活跃,但是人们对半导体材料的物理本质的了解还是很肤浅的。

20 世纪 20 年代,固体物理与量子力学飞速发展,尤其是能带理论日益完善,人们开始深入地理解半导体材料中的电子态和电子输运过程,并对半导体材料中的结构性能、杂质和缺陷行为有了更深刻的认识。同时也深刻认识到,半导体材料的晶体完整性与纯度对器件的应用发展至关重要,因此半导体材料提纯技术也得到了发展,半导体材料的器件发展应用到了一个新的层次。1947 年 12 月,美国贝尔实验室的巴丁(J. Bardeen)和布拉顿(W. Brattain)公布了半导体发展史中里程碑的发明——锗点接触晶体管。这是第一个具有电流放大作用的半导体三极晶体管。该晶体管结构很简单,将两根非常细、相距很近的金属针尖扎在锗的表面,在一个探针上加正电压,在另外一个探针上加负电压,现在分别称为发射极和集电极,N 型锗就变成了一个基极,这样就形成了一个有放大作用的 PNP 晶体管。1948 年 1 月,肖克莱(W. Shockley)进一步地针对锗点接触晶体管结构不稳定的缺点,首先提出了面接触式的结型晶体管结构设计,这是真正具有实用价值的现代半导体晶体管雏形。它的发明引发了现代微电子学与集成电路的革命,成为半导体器件发展历史上的最重要的一个里程碑。基于半导体晶体管的发明,巴丁、布拉顿和肖克莱因此获得了 1956 年诺贝尔物理学奖。

为进一步改善晶体管的半导体性能及其工作稳定性,随着半导体晶体管的发明,半导体材料的制备技术得到了迅速发展。1950 年,美国的蒂尔(G. K. Teal)和里特尔(J. B. Little)把波兰人丘克劳斯基(J. Czochralski)在 1918 年用于测定金属结晶速率的直拉法工艺移植到锗单晶生长上,首次制备出了高纯度的锗单晶。1952 年,美国的普凡(W. G. Pfann)利用高频感应加热发明了无坩埚悬浮区熔提纯法(FZ 法),制备出更高纯度的锗单晶。此外,1956 年,西门子公司多年发展的三氯氢硅还原法使硅中活性杂质浓度降到 10^{-9}(ppb)以下;采用硅烷法制备的多晶硅中硼、磷含量低于 2.5×10^{-11},活性杂质浓度低于 1×10^{-11},同时,为进一步降低半导体器件成本,大直径硅单晶的制备也在飞速发展,目前 12 英寸单晶硅已成为了主流商业产品。基于半导体材料提纯与制备技术的发展,1958 年第一块锗集成电路研制成功,开辟了现代微电子技术的新纪元。硅半导体在微电子技术领域获得了广泛的应用,但硅半导体材料为间接带隙,限制了其在光学器件方面的应用。因此,直接带隙半导体也引起了人们的关注与重视。20世纪50年代,人们就开始了对具有直接带隙的Ⅲ-Ⅴ族化合物半导体如砷化镓、磷化铟(InP)等材料进行了理论与实验探索。随后在制备技术上取得了系列的进展与突破,20世纪60年代初发展的水平布里奇曼(Bridgman)法(horizontal bridgman method,HB法)和液封直拉法(liquid encapsulation czochralski method,LEC法),以及后来(1986年)发展起来的垂直梯度凝固法(vertical gradient freeze method,VGF法),均生长出了高质量的砷化镓、磷化铟和锑化镓(GaSb)等单晶半导体材料。制备技术发展过程中通过结合半导体液相外延(liquid phase epitaxy,LPE)和气相外延(vapor phase epitaxy,VPE或chemical vapor deposition,CVD)生长技术,使得化合物半导体材料在微波和光电领域得到了广泛的应用。此外,在半导体材料制备技术中,存在制约半导体器件发展与应用的一个关键问题——衬底匹配材料,大的晶格失配导致的高密度缺陷使器件性能难以提高,所以解决衬底匹配问题是半导体材料制备技术中的关键。例如,2015年国家技术发明一等奖授予了南昌大学的江益风团队的"硅衬底高光效氮化镓基蓝色发光二极管"项目,他们的主要贡献就是通过多年技术攻关,成功地解决了硅衬底外延生长氮化镓半导体材料的晶格适配问题。此外,从半导体异质结构材料生长制备技术发展的角度看,已由晶格匹配、小失配材料体系向应变补偿和大失配异质结构材料体系发展。如何避免和消除大失配异质结构材料体系在界面处存在的大量位错和缺陷,也成为材料制备中迫切需要解决的关键科学问题之一,它的解决将为材料科学工作者提供一个广阔的创新空间。近年来,发展柔性衬底技术等异质外延技术,进一步提高外延材料的质量与拓展半导体器件的应用领域,也成为新一代半导体材料体系走向大规模应用需要解决的关键科学与技术问题。

基于半导体材料技术日益成熟,随着半导体器件小型化与集成化的发展,集成电路芯片出现了,硅大规模集成电路的发明是半导体器件发展历史上的重要里程碑之一。集成电路首先是由美国的基尔比(J. S. Kilby)和诺伊斯(R. N. Noyce)于1958年发明的。随着半导体无位错单晶制备技术进一步发展,尤其20世纪七八十年代以来,对于硅半导体中的杂质、缺陷及其相关生长动力学系统研究,以及半导体材料外延制备技术的发展和完善,并成功引入了二氧化硅作为掩膜窗口的平面晶体管工艺,使得硅器件及其集成电路迅速发展。大规模集成电路为计算机、网络的发展打下了基础。1965年,英特尔(Intel)创始人之一摩尔(G. Moore)提出了半导体领域最著名的摩尔定律。按照摩尔定律,集成电路的集成度以每18～24个月翻一番的速度发展,最近计算机芯片的最小线度已经达到7nm,并已经向5nm制程逼近,每一个芯片上包含了上百亿个元件。基于现代半导体技术发展与进步,我国2016年研制世界运算速度最快的超级计算机"神威·太湖之光",运算速度已超过每秒十亿亿次,这将为各种高速运算、海量信息处理和转换提供了有力的工具。

1962年,美国通用电气公司的霍尔等发明了半导体激光器。1963年,美国的克勒默(H. Kroemer)和苏联的阿尔费罗夫(Z. I. Alferov)各自独立地提出了双异质结激光器原理,进一步提升了半导体激光器的性能,使之可以在室温下连续工作。半导体激光器的发明与应用是半导体器件发展历史上又一个里程碑进展。基于半导体激光器的发明与应用,克勒默、阿尔费罗夫和基尔比也因此获得了2000年的诺贝尔物理学奖。当今社会,以半导体激光器为核心的半导体光电子技术及其相关应用(如光纤通信、宽带网)已成为支撑社会经济发展的基石。光纤通信的两个主要窗口分别在 1.55μm 和 1.3μm 处。前者大都用于长距离、高速率的光通信系统，后者主要用于短距离局域通信网。基于半导体激光器技术并通过探测器及光放大器对光纤通信中光学信息的发射、传播、放大、接收，组成了现代社会高性能、高速率、高容量的新一代核心通信系统。此外，光盘存储和激光测距、激光打印等是半导体激光器的另一个重大应用领域。如 CD 盘（只读声盘）、DVD 盘（数字可视盘）所用的激光器波长分别为 780nm、670nm 和 650nm，由激光器将信息“写”入光盘，或者从光盘上“读”出声音或光信号。激光器的波长越短，光盘存储密度就越高。当前，波长为 410nm 的 InGaN 蓝光激光器得到了广泛应用，可将光盘的存储量显著提升。另外，波长为 630～670nm 的 InGaAIP 激光器已逐步取代了 He-Ne 气体激光器，并在激光测距、激光打印、激光医疗仪器中得到了重要的应用。

近年来，基于半导体高频器件的一个重要应用——无线通信引起了人们广泛重视并已逐步渗透到日常生活中的各个领域。20 年前的无线电通信工作频率为 150～500MHz，最近 20 年来出现的移动电话工作频率为 0.9～2GHz，而微波通信、多媒体卫星通信的工作频率分别为 4～6GHz 和 10～20GHz。一般而言，基于传统的硅基半导体器件的工作频率只能满足普通低速无线电通信的需要，砷化镓等高频半导体器件的出现将为高速宽带移动通信工具提供技术基础。因此，研发高频半导体材料也成为半导体新材料的一个重要研究方向。如最近发展的锗化硅双极晶体管的最高频率可达 210GHz，将为高速宽带无线通信提供良好的终端器件保障。

自 20 世纪 90 年代以来，以氮化镓为代表的宽禁带半导体材料的发展和器件应用使得半导体技术能更广泛地应用人类发展的各个领域。氮化镓基材料与传统半导体材料（如锗、硅、砷化镓、磷化铟等）相比，具有耐高温、抗辐射、耐酸碱腐蚀、击穿电压高、电子饱和漂移速度大等优点，因此它特别适合制备在高温、大功率等苛刻环境下工作的半导体器件。例如，AlGaN/GaN 异质结双极晶体管具有线性好、电流容量大、阈值电流均匀等优点，可应用在线性度要求高、工作环境苛刻的大功率微波系统中，如军用雷达、宽带通信等，还可以应用于在苛刻环境下工作的智能机器人等系统中。此外氮化镓基材料在全色显示和全固态半导体白光照明等具有巨大商业应用前景的领域。例如，氮化镓基的蓝色、绿色发光管（LED）从根本上解决了原有 LED 三基色的缺色问题，是全彩色显示不可缺少的关键器件；它的出现使白光半导体固态照明光源成为现实，特别是高效率白光发光二极管作为新型高效节能固体光源，使用寿命超过 10 万小时，可以比白炽灯节电 5～10 倍，从而达到节约资源和减少环境污染的双重目的，这种绿色照明光源已在世界范围内引发一场新的照明电光源革命。

另外一个宽带半导体材料研发热点是氧化锌基材料及其器件应用，与其他宽禁带半导体材料相比，氧化锌基材料具有较高的激子结合能（60meV）、极好的抗辐照性能、较低的外延生长温度和可选择的衬底材料等独特的优点，使其有望用于紫外发光二极管与低阈值激光器、紫外探测器、生物传感器以及抗辐照太空探测器等新型光电器件，引起了国内外研究者的广泛关注与重视。但氧化锌半导体材料较难实现 P 型掺杂，成为当前氧化锌基半导体器件应用的技术瓶颈。

目前，以氮化镓为代表的第三代半导体材料正在引起清洁能源和新一代电子信息技术的革命，无论是照明、家用电器、消费电子设备、新能源汽车、智能电网，还是军工用品，都对这种高性能的半导体材料有着极大的需求。如图 1-1 所示,第三代半导体主要应用包括半导体照明、电力电子器件、激光器和探测器等领域。

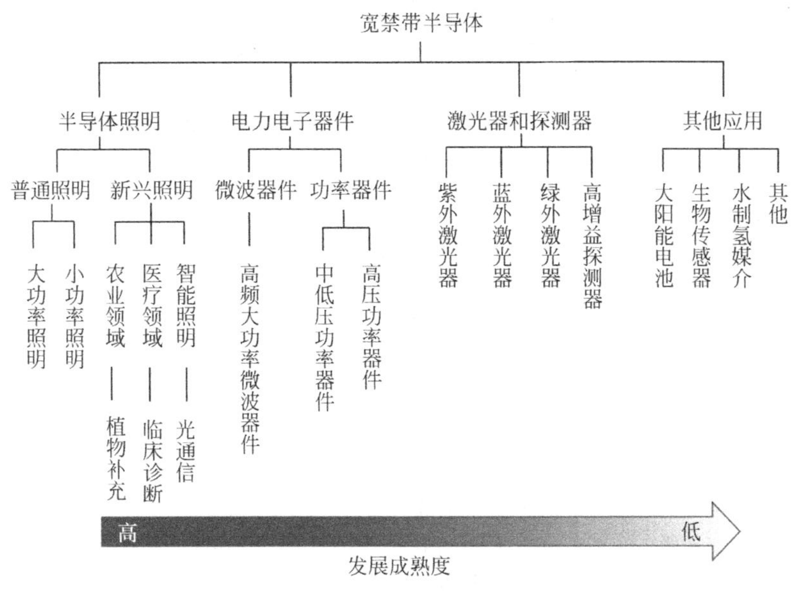

图 1-1 第三代半导体的应用领域

半导体材料及其器件应用已成为现代社会发展的基石,以下将分别阐述第一、二、三代半导体材料最具代表的硅、砷化镓及氮化镓材料的应用现状。硅半导体材料目前处于无可替代的地位,具有储量丰富、价格低廉、热性能与机械优良、易于可控生长大尺寸高纯度晶体等优点,处在广泛应用阶段。硅材料是电子信息产业最主要与最核心的基础材料,95%以上的半导体器件和 99%以上的集成电路(IC)是用硅材料制作的。即使 21 世纪,其主导和核心地位在短期内也不可动摇,但是硅材料的一些本质的物理性质限制了其在光电子和高频高功率器件方面的应用。

成本较为高昂的砷化镓材料的电子迁移率是硅的 6 倍多,在高频、高速和光电性能比硅基材料具有明显优势,尤其可在同一芯片同时处理光电信号,被公认为比较优异的光电通信用材料。随着当今社会高速信息产业的蓬勃发展,砷化镓已成为继硅之后发展最快、应用最广、产量最大的半导体材料,并且在军事电子系统中的应用日益广泛。当前,砷化镓半导体材料在某些应用领域有着不可取代的重要地位。

室温下,第三代半导体材料氮化镓的禁带宽度约为 3.4eV,相对于硅器件和砷化镓器件,其在大功率、高温、高频、高速和光电子应用方面具有更为明显的优势,尤其在蓝绿光、紫外光的发光器件和探测器件等领域近年来取得了很大进展,并已开始广泛应用。但与制造技术非常成熟和制造技术成本相对较低的硅半导体材料相比,其面临的最主要挑战是发展适合氮化镓薄膜外延生长的低成本衬底材料和大尺寸高质量的氮化镓体单晶生长工艺。

硅、砷化镓、氮化镓的主要用途如表 1-1 所示。从表中可知,以硅材料为主体,砷化镓半导体材料及新一代宽禁带半导体材料共同发展趋势,将持续成为超大规模集成电路及新型半导体器件产业发展的主题。

表 1-1 硅、砷化镓、氮化镓的主要用途

材料名称	制作器件	主要用途
硅	二极管、晶体管	通信、雷达、广播、电视、自动控制
	集成电路	各种计算机、通信、广播、自动控制、电子钟表、仪器
	整流器	整流
	晶闸管	整流、直流输配电、电气机车、设备自控、高频振荡器、超声波振荡器
	射线探测器	原子能分析、光量子检测
	太阳能电池	太阳能发电
砷化镓	各种微波管	雷达、微波通信、电视、移动通信
	激光管	光纤通信
	红外发光管	小功率红外光源
	霍尔元件	磁场控制
	激光调制器	激光通信
	高速集成电路	高速计算机、移动通信
	太阳能电磁	太阳能发电
氮化镓	激光器件	光学存储、激光打印机、医疗、军事应用
	发光二极管	信号灯、视频显示、微型灯泡、移动电话、普通照明
	紫外探测器	分析仪器、火焰检测、臭氧监测
	集成电路	通信基站(功率器件)、永久性内存、电子开关、微波电路、导弹、卫星

在第一、二、三代半导体广泛发展与应用的基础上，低维纳米半导体材料制备与器件应用也逐步进入人们的视野。其中，最有代表性的是半导体超晶格。半导体超晶格概念在1970年首先被提出，随着分子束外延(molecular bam epitaxy，MBE)、金属有机气相外延(metal-organic vapor phase epitaxy，MOVPE 或 metal-organic chemical vapor deposition，MOCVD)和化学束外延(chemical beam epitaxy，CBE)等先进外延生长技术的进步与发展，已成功地生长出一系列砷化镓和磷化铟基的晶态、非晶态薄层、超薄层周期微结构材料。半导体超晶格的提出与发展不仅推动了半导体物理和半导体材料科学的发展，而且以全新的理念改变了光电子和微电子器件的设计思想，使半导体器件设计与制造从过去的所谓“掺杂工程”发展到“能带工程”，提出了“电学和光学特性可剪裁”半导体器件设计与应用的新思想，半导体超晶格也成了新一代固态量子器件的基础材料。在半导体超晶格材料发展的基础上，一些超高速、高频微电子器件的量子阱发光二极管、量子阱激光器与探测器等不断涌现与发展。

新一代半导体材料发展与应用，也取决于新的纳微表征技术的出现。20 世纪 80 年代以来，随着扫描隧道显微术(scanning tunnel microscope，STM)和原子力显微镜(atomic force microscope，AFM)技术的发明和应用，纳米科学与技术(包括“自下而上”的纳米组装化学技术、“自上而下”的纳微加工技术与二者结合的制备技术等)的飞速发展，使人们有可能在原子、分子和纳米尺度的水平上操控、制造具有全新功能的半导体材料与器件。于是，以碳纳米管为代表的纳米半导体材料，以及半导体量子点、量子线材料及其半导体量子器件等已成为材料、物理与化学科学研究领域中的热点，掀起了纳米半导体科技的研究高潮。可以预见，基于量子力学原理的新一代半导体纳米材料、器件、电路和系统将引领人类进入“不可思议”的量子半导体时代；基于全新原理设计的半导体器件将彻底改变人类社会的科技发展历史，并极大地改变经济社会的生产和生活方式。

我们知道，当器件的尺寸、维度进一步减小，使电子运动的平均自由程大于器件的尺寸时，电子在运动过程中将不受杂质、晶格振动等的散射，而是做一种相干波运动。如三维束缚的量子点单电子晶体管将使动态随机存储器(DRAM)的功耗大大降低。利用电子相干特性可以制造出超高速、超低电能的电子器件。因此，具有纳米低维结构的半导体超晶格、量子线、量子点具有一些奇异的物理性质：如量子限制效应和电子运动的二维或一维特性。我们可以利用这些特性制成一些性能优异的器件，如激光器、高电子迁移率器件、光双稳器件、共振隧穿器件等。当前低维半导体材料生长与制备主要集中在几个比较成熟的材料体系上，如 GaAlAs/GaAs，In(Ga)As/GaAs，InGaAs/InAlAs/GaAs，InGaAs/InP，In(Ga)As/InAlAs/InP，InGaAsP/InAlAs/InP 以及 GeSi/Si 等，已在量子点激光器、量子线共振隧穿、量子线场效应晶体管和单电子晶体管和存储器研制方面得到应用，特别是量子点激光器研制已取得了一些重要进展。

此外，应变自组装量子点材料与量子点激光器的研制近年也取得了较大突破，成为当前低维半导体器件应用的热点研究领域。在大自然中，水气、甲烷、氨气、二氧化碳、一氧化碳、盐酸、溴酸、硫化氢等气体的灵敏吸收峰在 1.5～2.0μm 范围内，而 InAsSb 或 GaInAsSb 应变量子阱激光器的波长范围为 1.0～4.0μm，另外新近研发成功的量子级联激光器的波长范围可达到 4.0～17μm；因此，采用这些量子半导体激光器可覆盖红外-远红外范围，将在环境保护方面，为大气监控、监测提供重要技术表征手段与工具。

当今是信息社会，随着信息载体从电子向光电子和光子转换步伐的加快，半导体材料也经历了由三维体材料到薄层、二维纳米薄层、一维量子线与零维量子点材料，并正向集材料、器件、电子与光子传输为一体的功能系统集成芯片(SOC)材料发展；材料外延生长制备的控制精度也逐步向单原子与单分子尺度发展。当前，除进一步深入拓展当前微电子技术的基础硅和硅基材料外，将重点研发在高速、低功耗、低噪声器件和电路具有优异的光电性质的化合物半导体及新一代纳米低维半导体材料，发展新一代光电子器件、光电集成和光子集成半导体器件。近年来，航空、航天以及国防建设的紧迫要求促进了宽带隙、高温微电子材料和中远红外激光材料的发展。氮化镓基紫、蓝、绿异质结构发光材料和器件的研制成功，不仅将使光存储密度成倍增长，更将会引起照明光源的革命，经济效益和社会效益巨大。

近年来硅和砷化镓、磷化铟等Ⅲ-Ⅴ族化合物混合集成半导体技术取得的重大进展使人们看到了硅基混合光电半导体器件集成的曙光。此外，柔性有机半导体发光材料因其低廉的成本已成为全色高亮度发光材料研发的另一个重要发展方向，或许会引领新一代柔性可穿戴显示研发与应用的高潮。当前进一步探索低维半导体结构材料的量子效应及其在未来纳米电子学和纳米光子学器件方面的应用，特别是基于单光子光源的量子通信技术，基于固态量子比特的量子计算和无机/有机/生命体复合功能半导体结构材料与器件的发展应用，已成为目前材料科学最活跃的研究领域，并极有可能触发新的技术革命，从而彻底改变人类的生产和生活方式。半导体材料作为现代信息与交互技术的核心基础，随着信息与交互技术的不断发展，半导体材料和器件也将持续发展、永无止境。

1.2 半导体材料的概念与性质

1.2.1 半导体材料的概念

1.2.1.1 半导体能带

1. 电子的共有化

根据现代量子理论，电子在空间的占据或分布是以概率统计形式存在的。对单个原子环绕电子而言，其空间分布最大概率局限在离原子核中心很小的范围内，即玻尔半径数量级。因此，对于孤立原子系统，由于静电引力（库仑力）作用，电子总是围绕原子核在轨道上运动，并在某一特定轨道上出现的概率最大。原子核外电子按照一定的壳层排列，每个壳层容纳一定数量的电子。

制造器件所用的半导体材料大多是单晶体。单晶体是由原子按一定周期重复紧密排列而成，相邻原子间距最多只有几埃的量级。由于原子间距已接近玻尔半径值，因此围绕原子核运动的电子轨道将相遇而交叠，原来仅受到单个原子核作用的电子将同时受到多个原子核及其电子作用。在多种原子与电子作用影响下，电子不仅可以围绕自身原子核旋转，某些电子在轨道杂化耦合的情况下也可以转到另一个原子周围，即同一个电子可以被多个原子共有，电子将不再局限在某一个原子上，可以在不同原子轨道运动，进而可以在整个晶体中运动，这就是电子共有化的概念。

在晶体周期势场作用下，电子共有化运动可由图 1-2 描述。由图可知，外层电子的轨道重叠较多，因此共有化程度较强，而内层电子的轨道交叠较少，共有化程度较弱。从图中也可看出，对于最内层电子，电子轨道基本没有重叠，电子处于非共有化状态。一般而言，共有化电子对器件性能影响较大，而非共有化电子对器件性能影响很小。

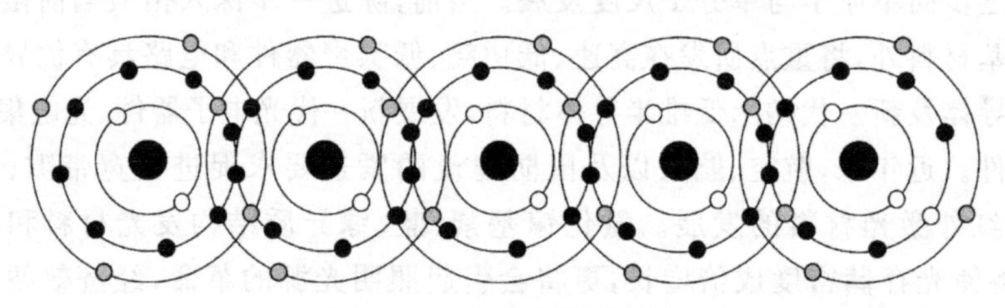

图 1-2 电子共有化示意图

2. 能带

在孤立原子中，核外电子按照壳层结构排列，不同壳层的原子数量不一样，电子能量也是不一样的。电子按照能量大小占据不同的壳层，每个壳层的电子能量相同，该能量称为电子能级。在单原子体系中，电子能级是分立的，是量子化的。而在半导体晶体结构中，原子周期排列形成的周期势场使得电子产生共有化运动。电子的分立能级因为电子轨道交叠而形成能带。能带形成的物理根源在于，由于晶体周期势场扰动，使得本来处于同一能量状态的电子能量发生变化，在分立能级附近位置扩展为能带。不同半导体结构具有不同的能带结构，从而具有不同的半导体性能与特征。

如图 1-3 所示，在半导体能带结构中，允许被电子占据的能量范围称为导带。导带之间的能量范围是电子不能占据的，该范围称为禁带。处于较低能量的电子壳层的能带首先被电子填充，然后依次填充较高的能带。被电子完全占满的允许带称为满带，所有能级上都没有被电子占据的能带称为空带。

对于半导体材料而言，在热力学温度为 0K 的情况下，其满带被价电子占满，因此也称其满带为价带，而比价带能量更高的能带在热力学温度为 0K 时为空带，也称为导带，因为只有价带的电子被激发到导带后，电子才具有导电电子的特性。

一般情况下，半导体导带中只有少量从半导体价带激发过来的电子，导带中大多数能级是空的，在准连续的导带中，导带底的电子可被看成是自由电子，在外场作用能改变电子的定向运动状态，因此导带中的电子能够导电。在半导体中，价带中的电子被激发到导带中后，将在价带中留下一个电子空位，称为空穴。导电中的电子与价带中的空穴都具有导电能力，称为半导体中的载流子。

图 1-4 清晰地给出了导带、价带及禁带之间的关系。图中，导带底能级表示为 E_C，价带顶能级表示为 E_V，E_C 与 E_V 之间的能量间隔为禁带宽度（也叫带隙）E_g，单位是 eV。

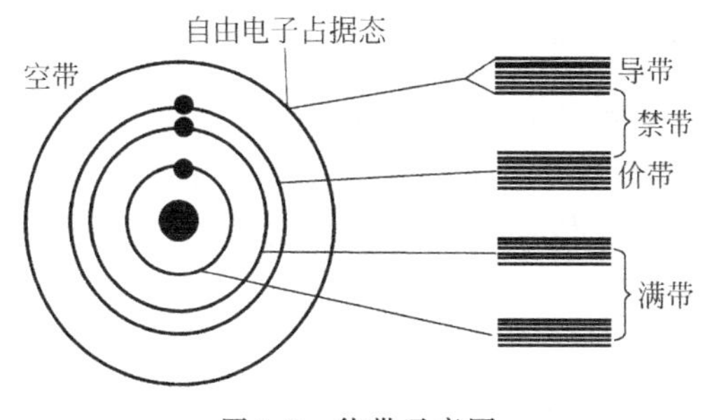

图 1-3　能带示意图

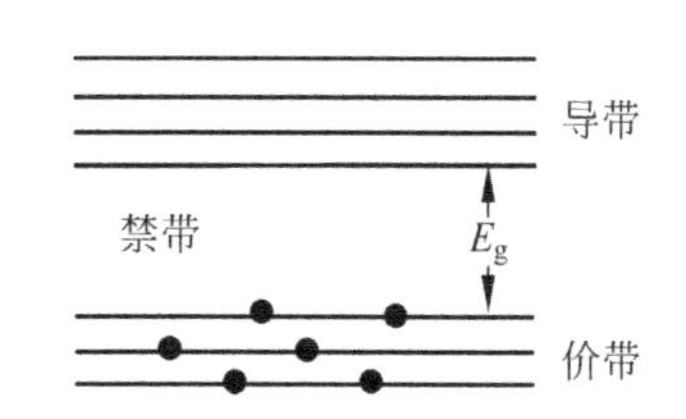

图 1-4　价带与导带的关系示意图

通过分析材料的能带结构，可以大致判断其导电能力的强弱。一般而言，禁带宽度越大，电子从价带跃迁至导带越困难，因此导带中电子越少，导电能力越弱。从图 1-5(a)可以看出，导带被电子部分占满，电子在导带中可自由运动，在电场作用下这些电子可形成定向运动实现导电功能。而对于绝缘体，如图 1-5(b)所示，禁带很宽，价带电子很难被激发到空的导带，自由电子很少，导电能力非常弱。但对于半导体，如图 1-5(c)所示，禁带较窄，即使在常温下，也有一部分价带电子被激发到空的导带，从而在导带有电子，价带上有空穴，所以有较多的载流子导电。例如，绝缘材料二氧化硅的带隙一般大于 8eV，常温下导带中电子极少，是一种较好的绝缘材料，其电阻率一般可大于 $10^{16}\Omega\cdot cm$。而典型的半导体材料硅的带隙约为 1.12eV，锗的带隙约为 0.67eV，砷化镓的带隙约为 1.42eV，常温下，其导带中就有一定数目的电子，从而有一定的导电能力，它们的电阻率一般为 $10^{-3}\sim10^{8}\Omega\cdot cm$。从能带图可知，导体的导带与价带发生重叠，可认为其带隙为 0，价带电子可认为是自由电子，所以导电性能良好，其电阻率一般小于 $10^{-3}\Omega\cdot cm$。

对于未掺杂的本征半导体，电子在外场作用下被激发，从价带跃迁至导带的过程称为本征激发。产生本征激发的最小能量一般要大于半导体的禁带宽度。本征激发在价带上产生空穴，导带上出现电子。在本征激发过程中的电子和空穴是成对产生的，因此电子浓度总是等于空穴浓度，这也是本征半导体的基本特征。虽然说本征半导体的电子与空穴浓度必然相等，但是两种不同载流子浓度相等的半导体未必是本征半导体。例如在高温条件下，未掺

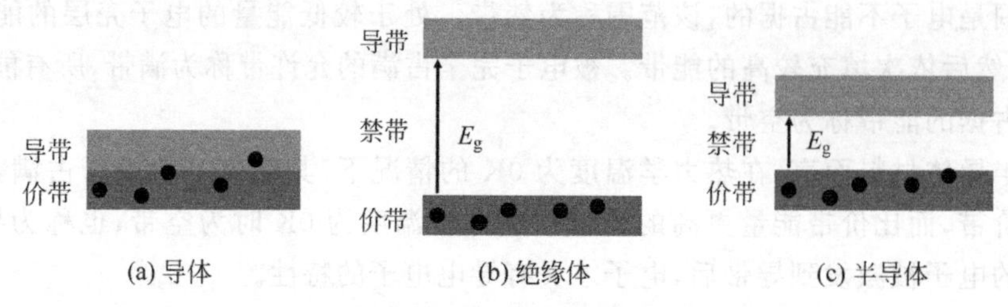

图 1-5 导体、绝缘体、半导体的能带示意图

杂半导体的电子与空穴浓度可能相等。

3. 杂质能级

理想的半导体材料不含任何外来元素或杂质，而且晶体周期结构完整无缺陷。但在半导体晶体材料实际制备过程中，会引入各种杂质，结构也可能存在各种缺陷与位错。由于杂质和缺陷的存在，会使晶体的周期势场遭到破坏，且可能在禁带中引入杂质能级，改变电子与空穴的分布状态与激发过程。因此，在半导体材料中，即使是极其微量的杂质和缺陷，也能够对半导体材料的物理性质和化学性质产生显著的影响。例如硅半导体中，按照在 10^6 个硅原子中仅仅掺入 1 个杂质原子的比例掺入硼原子，则硅半导体的电导率将增加 10^6 倍。此外，半导体晶体结构缺陷或位错对器件性能有着重要的影响。对于半导体平面电子器件的硅单晶，位错密度要求控制在 $10^3 cm^{-2}$ 以下，若位错密度过高，半导体器件性能将不能得到很好的保证。

1）半导体材料杂质

半导体材料中的杂质主要来源有两方面：非故意掺杂——主要是在半导体材料制备或器件制造过程中引入的，如半导体的原材料不纯、制备环境与器件制造过程污染等；有意杂质——为了提升或改善半导体特性，人为地掺入某种杂质元素。杂质浓度的定义为单位体积中的杂质原子数。

杂质在晶体结构的存在方式主要有两种形式：替位式杂质填充与间隙式填充。晶体材料原子虽然是按照晶体结构紧密排列的，但是原子间依然存在空隙。例如在金刚石结构的硅半导体单晶体中原子只占晶胞体积的 34%，剩下的 66%是空隙，这些空隙为杂质原子提供了空间位置。此外，若杂质原子与原晶格位原子的大小等性质近似的时候，杂质原子在大部分情况下可以取代原晶格位的原子成为替位式杂质。图 1-6 为硅晶体材料晶格中的间隙式杂质填充和替位式杂质填充的平面示意图。

一般而言，间隙杂质原子半径一般比较小，如锂离子(Li^+)的半径为 0.68Å，所以锂离子进入硅、锗、砷化镓将以间隙式杂质的形式存在。有些杂质原子的半径与被取代的晶格原子的半径大小相近，且价电子壳层结构等特性也相近，如Ⅳ族元素硅、锗就与Ⅲ、Ⅴ族元素的电子结构比较相近。Ⅲ、Ⅴ族元素在硅、锗晶体中以替位式杂质方式存在。半导体中的杂质以是否提供电子或空穴载流子分为施主杂质与受主杂质。

2）施主杂质和施主能级

施主杂质为半导体晶体提供多余电子来提升其导电能力。下面以在Ⅳ族半导体硅中掺入Ⅴ族元素杂质磷(P)为例，说明施主杂质的作用。当一个磷原子替代了硅原子的位置，如图 1-7 所示，磷原子有五个价电子，四个价电子与周围的四个硅原子形成共价键，因此剩余一个价电子。因此，杂质磷原子成为一个带有一个正电荷的磷离子(P^+)，称为正电中心磷离子。相当于在杂质位置处形成了一个正电中心和一个多余的电子。

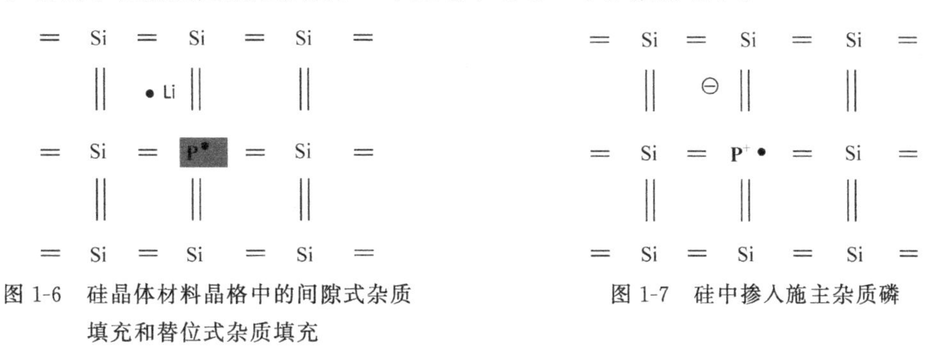

图 1-6　硅晶体材料晶格中的间隙式杂质填充和替位式杂质填充

图 1-7　硅中掺入施主杂质磷

施主杂质产生的多余电子一般束缚在正电中心周围，但这种束缚作用较弱，仅需较小的激发能量就可以使多余的电子挣脱束缚，成为自由电子在晶格中运动，从而增加半导体晶体中自由电子的浓度，也就增加了半导体的导电能力。而杂质原子因为失去电子成为正离子，成为一个不能移动的正电中心。这种因为杂质引入后能够较容易施放束缚电子而产生导电电子并形成正电中心的杂质叫施主杂质，也称为 N 型杂质。导电电子脱离杂质原子束缚的过程称为施主电离。未电离的施主杂质是中性的束缚态，电离后成为离化态的正电中心，称为离化态。根据能带理论，理想本征半导体中通过施主掺杂后将形成杂质能级，杂质能级离导带近，杂质能级上的电子将更容易受激发进入导带，使得导带中的导电电子增多，从而增强了半导体的导电能力。由于施主杂质半导体的电子浓度大于空穴浓度，因此施主杂质半导体主要是电子导电。杂质原子的电子脱离杂质原子束缚成为进入半导体导带成为导电电子的过程称为杂质电离。一个杂质原子的电子脱离杂质原子束缚，即从杂质能级跃迁到半导体导带所需要的最小能量，称为杂质电离能，一般用 ΔE_D 表示。要使掺杂能提升半导体的导电性能，一般要选择具有较小电离能的杂质。如大部分Ⅴ族元素原子在硅、锗中的电离能都较小，在硅中为 0.04～0.05eV，而在锗中约为 0.01eV。这些杂质电离能远远小于硅锗半导体的禁带宽度，因此杂质的引入将从数量级上提升半导体的导电能力。

施主杂质的电离过程及物理机理如图 1-8 所示，杂质束缚电子获得能量 ΔE_D 后，将从施主所在的杂质能级跃迁到导带成为导电电子，施主杂质产生的杂质能级又称为施主能级，用 E_D 表示。杂质电离能 $\Delta E_D = E_C - E_D$。在半导体掺杂中，掺杂浓度一般非常小，使得两两杂质原子相距较远，从而杂质原子间的相互作用可以忽略。因此，施主能级可以看作是一些具有相同能量的分立能级。

3) 受主杂质和受主能级

受主杂质为半导体提供空穴载流子来提升其导电能力的。以硅中掺入Ⅲ族元素杂质硼(B)为例说明受主杂质的作用，如图 1-9 所示，一个硅原子被硼原子取代后，硼原子仅有 3 个价电子，它和周围的 4 个硅原子形成共价键时，尚缺一个电子，将从硅原子原有的 4 个价电子借用一个电子，于是某个硅原子的附近将形成一个电子空位，相当于产生了一个空穴。此时，中性的杂质硼原子变成了负电荷的硼离子(B^-)，相当于负电中心。受主杂质的效果类似一个负电中心与一个空穴的复合体。

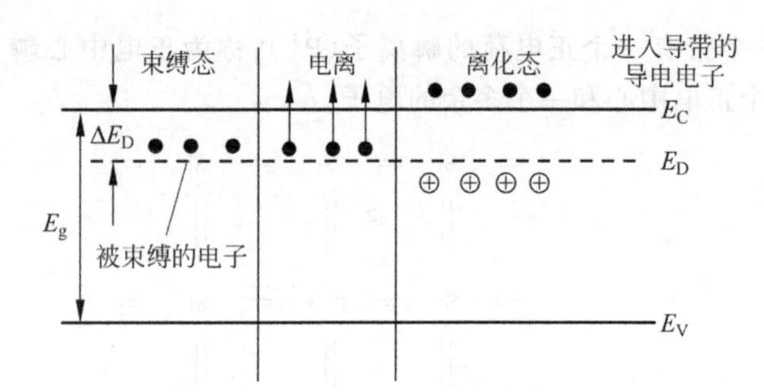

图 1-8 施主杂质的电离能带图

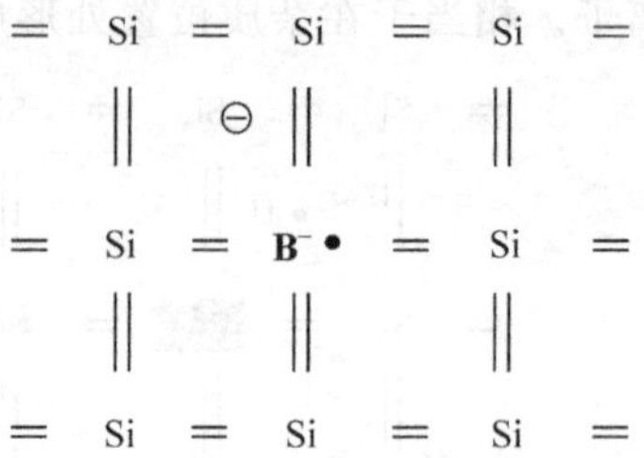

图 1-9 硅中掺入施主杂质硼

在受主掺杂中，杂质原子附近的空穴虽然受到杂质负电中心的束缚，但是一般束缚作用较小，空穴很容易摆脱束缚形成自由空穴载流子，从而提升半导体的导电能力。例如Ⅲ族元素杂质在硅、锗中掺杂能很容易获得电子形成导电空穴，并成为负电中心，这种杂质因此被称为受主杂质，也叫 P 型杂质。束缚空穴变成自由导电空穴的过程叫受主电离。束缚空穴成为自由导电空穴所需要的平均最小能量称为杂质电离能，一般用 ΔE_A 表示。半导体经过受主掺杂后，将使得空穴密度大于电子密度，因此受主杂质半导体主要是空穴导电半导体。一般而言，为了获得较好的导电能力，受主掺杂一般选择具有较小电离能杂质掺杂。如Ⅲ族元素原子在硅、锗中的受主掺杂杂质电离能都较小，在硅中为 0.045～0.065eV，在锗中约为 0.01eV，远远小于它们的禁带宽度。

受主杂质电离过程也可以用能带理论加以解释。受主杂质掺入半导体晶体中后，将形成杂质能级，受主杂质能级处于缺电子状态，而杂质能级又离半导体价带顶很近，因此价带电子很容易跃迁至杂质能级，从而价带因失去电子形成一个导电空穴。受主杂质的电离过程及物理机制如图 1-10 所示，由于杂质能级（受主能级）缺电子，相当于存在一些束缚空穴，价带电子得到能量 ΔE_A 后，从价带底跃迁至杂质能能级并与束缚空穴复合，则在价带形成空穴，由于价带空穴能级（每个电子能级对应一个空穴能级）远远大于所形成的空穴，因此价带中的空穴变成了自由导电空穴载流子，从而可提升半导体的导电能力。在半导体受主掺杂中，掺杂浓度一般非常小，因此杂质原子间的相互作用可以忽略，受主能级因此可以看作是一些具有相同能量的分立能级。

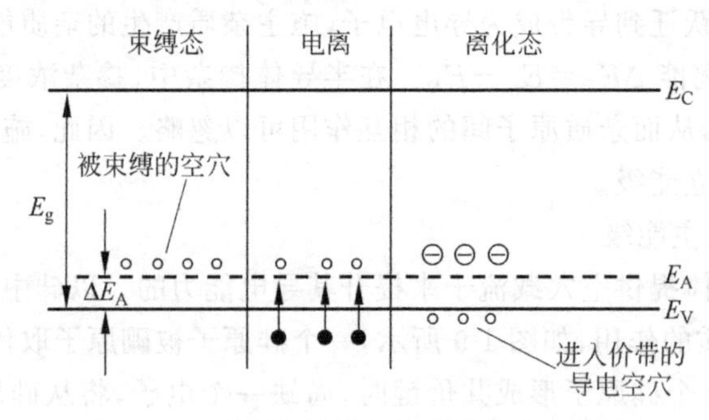

图 1-10 受主杂质的电离过程及物理机制

4）杂质的补偿作用

若半导体掺杂仅仅只有施主或受主掺杂，那么导电载流子是电子或者空穴导电，半导体类型是 N 型或 P 型。但如果在半导体中同时进行施主与受主掺杂，判断半导体类型需要比较掺杂浓度的大小。因为施主与受主杂质同时存在的时候，施主能级一般比受主能级高，施主剩余电子会首先向受主电子空位上跃迁，这称为杂质的补偿作用。下面将进一步阐述半导体杂质补偿作用的物理机制。

如图 1-11 所示，假设 N_D 为施主杂质浓度，N_A 为受主杂质浓度，n 为导带中的电子浓度，p 为价带中的空穴浓度。当 $N_D \gg N_A$ 时，由于施主能级高于受主能级，所以施主杂质的剩余电子将首先跃迁到受主能级上，直至填满 N_A 个受主能级(假设一个受主能级仅能接受一个电子)，若在杂质全部电离的条件下，施主能级上将还有 $N_D - N_A$ 个电子跃迁到导带中成为导电电子，导电电子浓度 $n = N_D - N_A \approx N_D$，半导体表现为 N 型半导体。

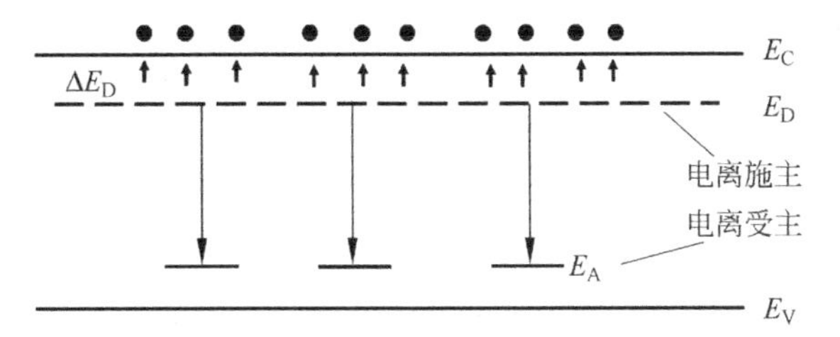

图 1-11 施主杂质浓度高于受主杂质浓度的补偿作用

反之，如图 1-12 所示，当 $N_A \gg N_D$ 时由于受主能级低于施主能级，施主能级上 N_A 电子将全部跃迁到受主能级上，在受主能级还有电子空位，若杂质全部电离，价带上将有 $N_A - N_D$ 个电子跃迁至受主能级，价带将形成导电空穴，其浓度 $p = N_A - N_D \approx N_A$，半导体表现为 P 型特性。

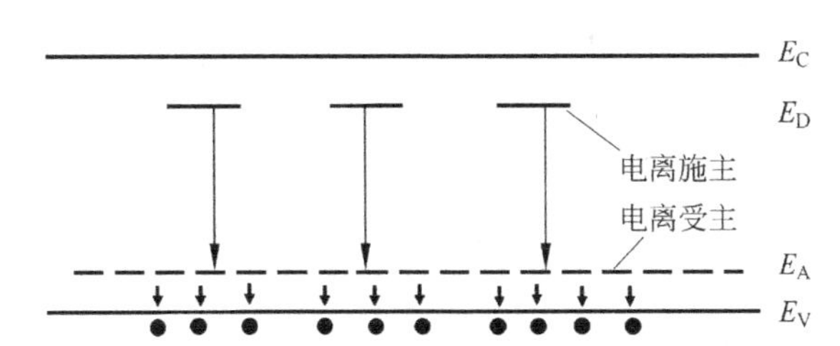

图 1-12 受主杂质浓度高于施主杂质浓度的补偿作用示意图

有效杂质浓度定义为补偿之后的半导体中的净杂质浓度。当 $N_D > N_A$ 时，则 $N_D - N_A$ 为有效施主浓度；当 $N_A > N_D$ 时，则 $N_A - N_D$ 为有效受主浓度。在半导体器件制备中，当需要用扩散或离子注入等方法来改变半导体中某一区域的导电类型时，可利用杂质补偿原理进行杂质类型调控。

如果 $N_D \approx N_A$，则施主能级的电子恰好能填满受主电子空位，杂质出现高度补偿作用，导带中的电子浓度或价带中的空穴浓度低，表现为本征半导体的导电特性。但是由于半导体含有许多杂质，将大大地影响半导体器件的性能。

1.2.1.2 半导体的载流子输运

半导体的载流子为参与导电的电子和空穴。因此，半导体要实现导电功能，需要产生一定量的载流子。对于本征半导体，主要通过本征激发产生载流子，在外场作用下，电子获得能量从价带跃迁到导带，导带产生电子形成和价带形成空穴，电子和空穴将同时参与导电。

对于杂质的半导体，主要通过杂质电离产生载流子。外场作用下，对于N型半导体，施主能级的电子获得能量从施主能级跃迁到导带时产生导带电子，对于P型半导体，电子从价带激发到受主能级时形成价带空穴。电子在吸收能量向上能级跃迁产生导电电子或空穴产生的同时，电子也在从高能量的量子态跃迁到低能量的量子态，并向外辐射光子或声子放出能量，这与载流子产生过程相反的过程称为载流子的复合，载流子复合将使导带中的电子和价带中的空穴减少，即载流子数目减少。

在一定温度条件下，半导体载流子产生和复合的过程将会达到动态平衡，即单位时间内产生的电子-空穴数与复合的电子-空穴数相等，称为半导体热平衡状态，该状态下的导电电子和空穴称为热平衡载流子，此时电子浓度和空穴浓度将保持一个稳定的数值。温度将显著影响半导体的热平衡状态，载流子浓度将随温度剧烈变化，从而极大改变半导体的导电特性。

1. 费米能级与载流子浓度

1）费米能级

在一定温度的热平衡状态下，电子按能量大小具有一定的统计分布规律，即电子在不同的能量时占据量子态（电子允许存在的状态）的统计分布概率是一定的。某一温度下某个能量的电子占据某个量子态的概率可用费米-狄拉克分布函数（Fermi-Dirac distribution）来描述

$$g(E)=\frac{1}{1+e^{\frac{E-E_F}{kT}}}$$

式中：E 为电子能量；k 为玻尔兹曼常数；T 为热力学温度；E_F 为费米能级。为了理解半导体载流子输运机制，费米能级是一个重要的参数。对于半导体而言，费米能级一般位于半导体能带的禁带中间，具体位置与温度、半导体材料的导电类型、杂质的含量等有关。通过费米-狄拉克分布函数，只要确定了 E_F 的数值，不同温度与能量的电子在量子态上的统计分布概率就确定了。

下面进一步分析不同温度时，不同能级上的电子占据量子态的概率。如图1-13所示，当系统温度大于绝对零度时，若电子的能量比费米能级低，则电子允许存在的量子态的概率大于50%；若电子的能量比费米能级高，则电子允许存在的量子态概率小于50%；若电子能量恰好等于费米能级，则电子允许存在的量子态概率为50%。从以上分析可知，在绝对零度时，费米能级表示该能级状态被电子占据或不占据的一个分界线。当 $T>0K$ 时，若 $E<E_F$，则 $g(E)>1/2$；若 $E=E_F$，则 $g(E)=1/2$；若 $E>E_F$，则 $g(E)<1/2$。对某一体系，若费米能级位置确定，则不同温度与能量的电子在系统中统计分布概率也是确定的。

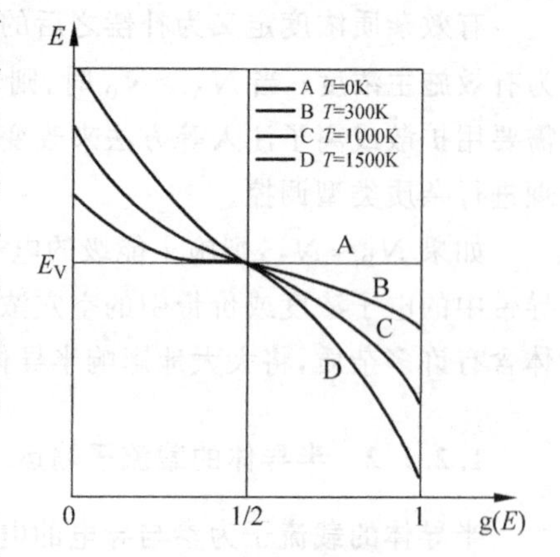

图1-13 不同温度的费米-狄拉克分布函数曲线

本征半导体的费米能级一般位于在禁带的中央，如图1-14(c)所示；对于N型半导体的费米能级靠近导带，掺杂浓度越高，费米能级越接近导带，掺杂浓度

足够高时，费米能级甚至能与导带重叠，如图 1-14(a)、(b)所示；P 型半导体的费米能级接近价带，掺杂浓度越高，费米能级离价带越近，掺杂浓度足够高时，费米能级可与价带重叠，如图 1-14(d)、(e)所示。

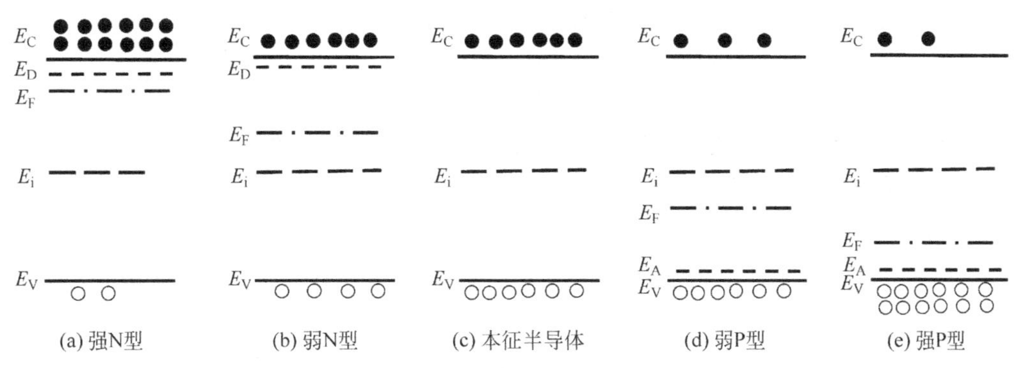

图 1-14　不同掺杂半导体的费米能级

2）本征半导体的载流子浓度

在本征半导体中，温度大于绝对零度时，根据费米-狄拉克分布公式，导带中总有电子占据的概率，也就是意味着，温度场提供的能量可使电子从价带激发到导带去，并在价带中形成空穴，这就是本征激发的物理过程。本征半导体中导带的电子浓度一定等于价带中的空穴浓度，这就是本征载流子浓度。对于一般半导体材料，本征载流子浓度随温度上升而增加；在温度不变的情况下，本征载流子浓度随着禁带宽度的增加而减小。

3）杂质半导体的载流子浓度

对于大部分常用杂质半导体，在室温下杂质都已基本电离。假设一个杂质原子可以提供一个载流子，一般来说掺入半导体中的杂质浓度远大于本征激发的载流子浓度，因此杂质半导体的电导性能远远优于本征半导体。对于杂质半导体，导电电子浓度与空穴浓度一般是不相等的。N 型半导体的电子为多数载流子，简称多子；空穴为少数载流子，简称少子。P 型半导体的空穴为多数载流子，电子为少数载流子。

相对于本征半导体，杂质半导体的导电电子或空穴浓度随温度变化规律更为复杂。对于基本电离的杂质半导体，随着温度的升高，载流子将从以电离杂质为主过渡到以本征激发为主。费米能级位置开始取决于杂质浓度，随着温度升高，将逐渐转为由本征半导体载流子浓度决定，其位置将向禁带中央靠近。

2. 载流子的运动

半导体内的载流子有三种运动方式：热运动、漂移运动与扩散运动。

1）载流子的热运动

在无其他外场作用时，一定温度条件下，半导体中的自由电子和空穴做杂乱无章的热运动，属于随机运动，难以实现定向移动，表现出电中性特征。

2）载流子的漂移运动

半导体在电场作用下，内部的载流子将发生定向漂移运动。载流子定向漂移运动时，将会与晶格原子、杂质原子、晶格缺陷位错或其他散射中心碰撞，其速度和运动方向将会发生改变。载流子平均自由程为半导体大量载流子在两次碰撞之间路程的平均值。两次碰撞之间时间的平均值称为半导体载流子的平均自由时间。下面我们将描述半导体材料在电场作用下电流的形成过程。如图1-15所示，若在均匀半导体两端施加电压，内部就形成电场，载流子将会在电场力的作用下产生定向运动。带正电的空穴与带负电的电子漂移运动的方向不同，空穴沿着电场方向漂移，而电子向逆电场方向漂移。电子与空穴定向运动形成电流，但其方向是一致的。载流子在电场力作用下的漂移运动产生的电流称漂移电流。从以上分析可知，半导体中产生的电流实际上是由电子电流与空穴电流组成的。

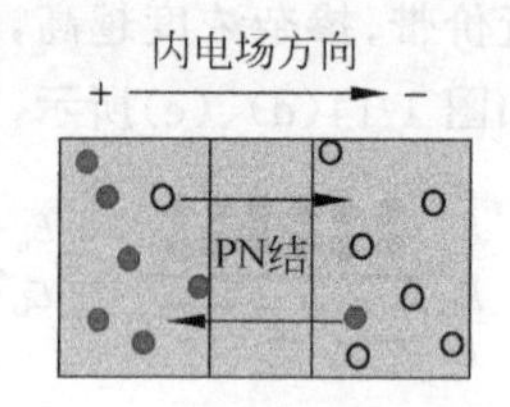

图 1-15　载流子电场作用下的漂移运动

3）载流子的扩散运动

扩散运动在日常生活中无处不在，例如水中墨水的扩散，炒菜时气味的扩散等。扩散运动是自然界存在的一种普遍规律，只要微观粒子在不同空间存在着浓度差，就将发生扩散运动。扩散运动的能量根源在于微观粒子无规则的热运动。对于均匀半导体，在热平衡状态，载流子分布是均匀的，半导体各处不存在浓度差，因此扩散运动不会发生。但是，如果N型半导体与P型半导体接在一起形成PN结，由于P型与N型半导体载流子类型不一致，因此它们的自由电子与空穴存在着浓度差，例如N型半导体的电子浓度高、空穴浓度低，而P型半导体电子浓度低、空穴浓度高。这种载流子浓度梯度将在P与N半导体界面产生载流子的扩散运动。这种扩散运动形成的电流称扩散电流。当然，这种扩散运动不会持续进行。因为这种扩散运动将导致PN界面处由于正负电荷迁移分离形成内建电场，从而阻止扩散运动的进行。最后，内建电场与扩散梯度场达到动态平衡。这种利用扩散运动效应的PN结就是我们目前广泛使用的半导体二极管。

考虑半导体中的载流子包括漂移运动与扩散运动，半导体在外电场的作用下所产生的总电流将由扩散运动所产生的扩散电流与漂移运动所产生的漂移电流组成。

1.2.2 半导体材料的性质

半导体材料类型很多，但具有一些相似的基本特性。

1. 导电特性

半导体的导电与金属载流子仅仅只有自由电子不一样，同时具有电子和空穴两种载流子。因此半导体导电特性可以通过掺杂进行大范围的调控，具有广阔的应用前景。图1-16所示为掺杂浓度与电阻率的关系。

2. 热敏效应

半导体材料的电阻对温度很敏感，如高纯本征硅在室温下掺杂浓度约为10^{10}个/cm^3，其电阻率达$2\times10^5\Omega\cdot cm$以上，而在500℃时，其掺杂浓度可达$10^{17}$个/$cm^3$，相应的电阻率将只有$10^{-2}\Omega\cdot cm$，而电阻率变化却达百万倍，表现出十分显著的热敏效应。图1-17给出砷化镓、硅、锗的能隙和掺杂浓度随温度的变化规律。

3. 负温阻特性

随着温度升高，金属材料中的电子散射增强，电阻率增大。但是在半导体材料中，随着温度升高，掺杂浓度显著增加，电阻率迅速下降。半导体的这种负温阻特性也是用来判断材料是半导体还是金属的一种可靠手段。

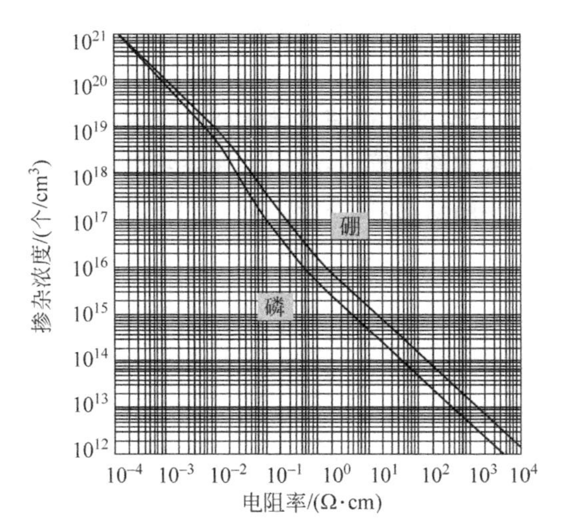

图 1-16 掺杂浓度与电阻率的关系

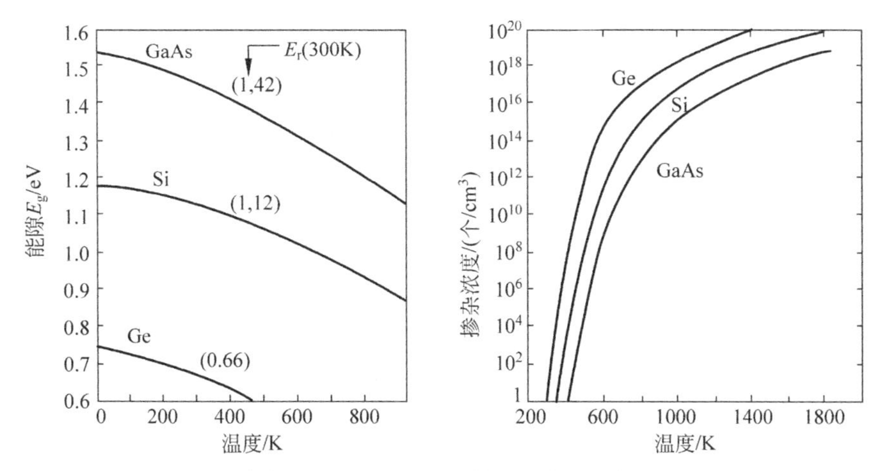

图 1-17 砷化镓、硅、锗的能隙和掺杂浓度随温度的变化规律

4. *光电效应*

半导体材料在光的照射下，可以激发电子发生跃迁，可在半导体电路中产生电流或使电流发生变化。半导体光电效应又可分为外光电效应与内光电效应两类：外光电效应主要是指光照下发生光电子发射的现象，内光电效应主要包括光电导效应与光伏效应。光电导效应是指光照状态下半导体电阻率发生改变。光伏效应是指光照状态下半导体产生沿一定方向的电势差。

5. *压阻效应*

半导体在压力作用下，其能带结构会发生较大变化(如带隙宽度会随着应力发生较大变化)，从而导致其电阻率(或电导率)发生变化，这种半导体电阻率(或电导率)随应力变化而改变的现象，称为压阻效应。利用该效应，可制作半导体应变计、压敏二极管、压敏晶体管等。

6. *磁敏效应*

半导体随着磁场的施加或改变，其半导体特性将会发生显著变化，例如出现半导体霍尔效应、磁阻效应等，利用这些效应可用于制作磁敏元件。

7. 热电效应

热电效应是指温度的差异与变化可使半导体材料产生电势差。例如半导体的温差电动势比金属的大得多，热电转换效率也较高，利用半导体热电效应可应用于温差发电器（塞贝克效应）、半导体制冷器（帕尔贴效应）等器件。

第2章
典型半导体材料

2.1 硅、锗单质半导体材料

半导体材料按照元素组成可为分为单质半导体(也称元素半导体)和化合物半导体。单质半导体材料主要有 12 种——硅、锗、硼、碳、锡、磷、砷、锑、硫、硒、碲和碘,其中锡(灰锡)、锑(灰锑)和砷(灰砷)只有在特定的固体相结构时,才表现出半导体材料的特性。要制备出性能优异的半导体器件,一般需要有高纯度的半导体单晶结构。但以现有的制备技术,除硅、锗、硒外,其他单质半导体材料很难实现高纯度的单晶材料制备,因此硅、锗、硒是目前半导体器件应用最多的单质半导体材料,而且硅已成为当前最重要的半导体材料,广泛地应用于电子、信息与通信等各个领域,是现代高科技社会的核心材料基石。20 世纪 60 年代以来,科技蓬勃发展、日新月异,这一时期被称为硅基时代。

2.1.1 硅

硅的化学符号是 Si,原子序数 14,相对原子质量 28.0855,在元素周期表位于第 3 周期、ⅣA 族。硅在自然界总以化合物形式存在,单质硅极少。硅元素通常以复杂的硅酸盐或二氧化硅的形式广泛存在于岩石、沙砾、尘土之中。在整个地壳中,硅是第二丰富的元素,构成地壳总质量的 26.4%,仅次于第一位的氧(49.4%)。

1787 年,拉瓦锡(A-L. de. Lavoisier)首次在岩石中发现硅单质的存在。但在 1800 年,戴维错认为其是一种硅的化合物。1811 年,盖-吕萨克(J. L. Gay-Lussac)和泰纳尔(L. J. Thenard)通过人工合成的化学方法,即加热钾和四氟化硅获得纯度较低的非晶硅,并根据拉丁文 silex(燧石)首次命名为 silicon。此后,贝采里乌斯(J. J. Berzelius)在 1823 年硅矿首次被确认作为一种元素组成,并在一年后采用盖-吕萨克类似的方法提炼出了非晶硅,并进一步采用反复清洗的方法提纯单质硅。H. S. C.

德维尔在1854年首次制得单晶体硅。

如今硅半导体材料以其丰富广泛的资源，优异的物理化学性能，已成为世界上生产规模最大、生产工艺最完善和最成熟的半导体材料。以下将分别阐述硅的一些基本化学性质和物理性质。

2.1.1.1 硅的化学性质

硅有三种稳定的同位素，分别是^{28}Si(92.23%)、^{29}Si(4.67%)和^{30}Si(3.10%)。硅的价电子组态是$3s^2 3p^2$，原子半径为0.1175nm，Si^{4+}离子半径为0.039nm。最稳定的硅单晶中金刚石结构的硅原子化学成键为共价键方式、每个硅原子与最近邻4个硅原子组成正四面体，以此为周期形成稳定的晶体结构。

晶体半导体硅表面容易被氧化，室温时，硅晶体表面很容易产生2.0～3.0nm厚的SiO_2层。SiO_2层很稳定，且具有良好的绝缘特性，硅的这种表面自钝化、易于形成本征SiO_2层的独特性能，也使得在半导体集成电路具有非常明显的优势。常温下，硅不易溶于强酸，易溶于碱，除氟外，硅很难与其他元素发生化学反应。高温下，硅具有较活泼的化学性质，除氧和水蒸气外，还能与H_2、卤素、N_2、S和一些金属发生化合反应，能生成SiH_4、$SiCl_4$、Si_3N_4、SiS_2和多种硅化合物。此外，硅与锗能以任何比例形成硅锗合金体，能与碳元素形成多种共价化合物。

2.1.1.2 硅的晶体结构和能带

单质半导体硅最稳定的晶体结构为金刚石结构，它是一种由两个面心立方点阵沿立方晶胞的体对角线平移1/4嵌套而成的晶体结构，属于面心立方布拉格点阵，为立方晶系，晶体空间群(227号)为Fd-3m。室温时，金刚石结构的硅单晶的晶格常数$a=5.430710Å$。沿金刚石晶体结构[111]方向(体对角线方向)，晶格间隙位置比较大，掺杂时可以较容易实现间隙掺杂。硅的金刚石结构如图2-1所示，垂直体对角线的(111)面间距分布是不均匀的，晶面距分别为$a/\sqrt{3}$(0.3135nm)与$a/4\sqrt{3}$(0.0784nm)，交错相间排列。从图可清楚看到，A、B、C属于一个面心立方的晶格位置，而α、β、γ则属于另一个面心立方的晶格位置。

图2-2给出了具有金刚石晶体结构的半导体硅的能带结构以及硅单晶的高对称方向(沿[100]和[111]方向)的波矢$\boldsymbol{k}$与量子态能量分布色散关系分布曲线。从图中可看出，导带最小值与价带最大值没有位于同一个波矢位置处，说明其为间接带隙半导体，当硅中的价电子从价带顶跃迁至导带底时，波矢需要发生变化，若要发射电子跃迁，根据能量守恒原则，必须有声子参与才能使电子跃迁过程发生，也就是电子在跃迁时将伴随着热量的产生，这对很多半导体光电器件性能是一个不好的影响。可以发现，在$\boldsymbol{k}=0$处，导带C_3的极小值与价带V_2最大值之间的能隙约为2.5eV，在实验上有时能观察到这两个带直接跃迁。

2.1.1.3 硅的电学性质

1. 带隙和本征载流子浓度

半导体电学性能与带隙宽度与本征载流子浓度紧密相关。在一定温度范围内，硅的本征载流子浓度可用式(2-1)求出：

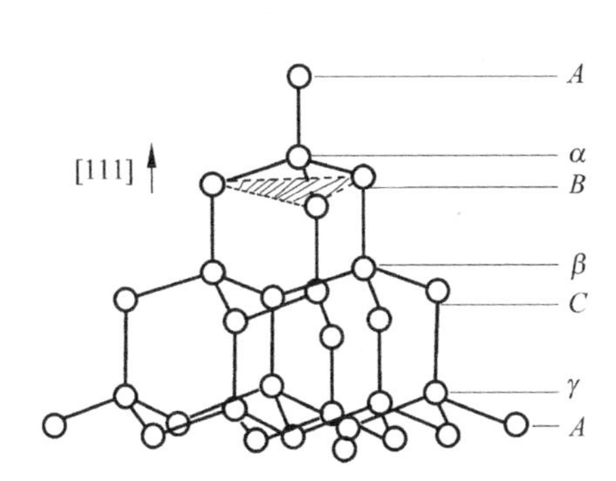

图 2-1 硅晶体中沿[111]方向的(100)面

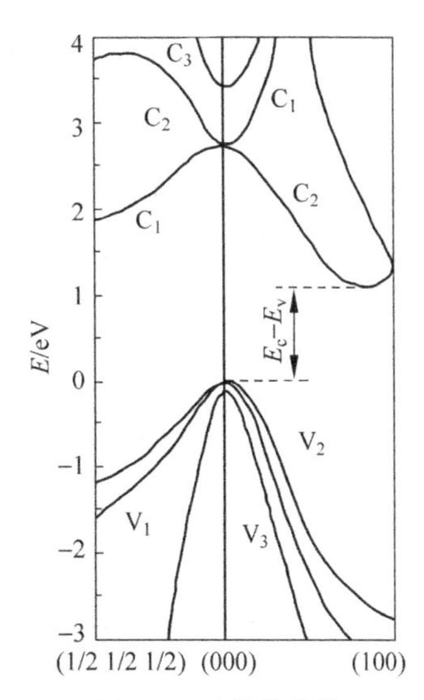

图 2-2 硅单晶的带

$$n_i = \sqrt{np} = \sqrt{N_C + N_V \exp\left(-\frac{E_g}{kT}\right)} \tag{2-1}$$

式中：n、p 分别为导带中电子浓度与价带中空穴浓度；E_g 为带隙；k 为玻尔兹曼常数；N_C 和 N_V 分别为导带有效状态密度常数和价带有效状态密度常数。它们与温度 T 的关系可分别表示为

$$E_g = E_g(0) - \frac{\alpha T^2}{T + \beta} \tag{2-2}$$

式中：$E_g(0)=1.170\text{eV}$($T=0\text{K}$ 时带隙)，$\alpha=4.73\times10^{-4}$，$\beta=636\text{K}$。

$$N_C = 2 \times \frac{(2\pi m_n^* kT)^{3/2}}{h^3} \tag{2-3}$$

$$N_V = 2 \times \frac{(2\pi m_p^* kT)^{3/2}}{h^3} \tag{2-4}$$

式中：h 为普朗克常数；m_n^* 与 m_p^* 分别为电子与空穴有效质量。

2. 本征电阻率

硅的本征电阻率可用式(2-5)求出：

$$\rho = (ne\mu_n + pe\mu_p)^{-1} = [n_i e(\mu_n + \mu_p)]^{-1} \tag{2-5}$$

式中：μ_n、μ_p 分别为电子、空穴本征迁移率；e 为一个电子电荷量大小。

室温时，Si 的 $\mu_n=1500\text{cm}^2/(\text{V}\cdot\text{s})$，$\mu_p=450\text{cm}^2/(\text{V}\cdot\text{s})$，若 $n_i=1.07\times10^{10}\text{cm}^{-3}$，则室温时硅的本征电阻率为 $2.99\times10^5\Omega\cdot\text{cm}$。

2.1.1.4 硅的光学性质

室温下硅的带隙为 1.12eV，对于光子能量大于 1.12eV(约相当于 1107nm 的光子能量)的光子，一般会被硅材料吸收。硅对于近红外以上光一般是透明，而对于可见与紫外光是不透明的，因此，硅半导体材料也是一种较好的太阳光伏材料。但光滑的半导体硅单晶表面反射较强，因此在制作太阳能电池时，对于太阳光吸收层，一般对表面进行粗糙化处理，从而制备出一种“陷光”结构，可使太阳光在吸收表面多次反射，从而大大提升其光吸收率。

半导体材料对于不同波长的光有不同的响应曲线。室温时硅的光吸收系数 α 与光波长的关系如图 2-3 所示。波长在 0.4μm 或 1.1μm 左右时，吸收系数发生明显增加。这是因为，在波长为 1.1μm(1.12eV)时正好对应硅的带隙宽带，而在波长为 0.4μm(2.5eV)发生了从(价带)到导带的直接跃迁。硅中一些重要杂质的吸收峰如表 2-1 所示。

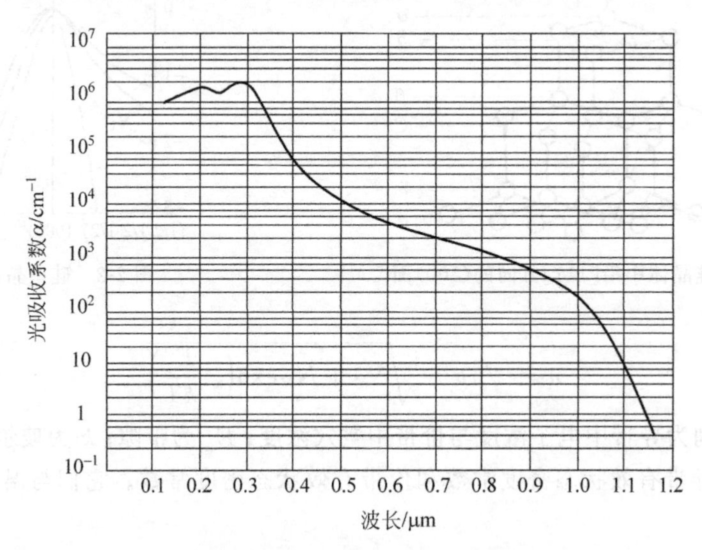

图 2-3 室温时硅的光吸收系数 α 与波长的关系

表 2-1 硅中一些重要杂质的吸收峰

杂质	O	C	N	B	Al	Ga	In	P	Sb	As
最强吸收峰(波数)/cm^{-1}	1107(大吸收带)	605	963	317.7	471.7	548	1175.9	315.9	293.6	382.2
	515(小吸收)		766							

2.1.1.5 硅的力学和热学性质

硅在室温下比较脆、硬度小、延展性差。硅的抗拉应力大于其抗剪切应力，因此硅片发生碎裂时主要表现为断裂。掺杂或缺陷对硅的力学性能有较大影响，如位错或表面缺陷降低其力学强度。但氧、氮等轻元素杂质原子通过形成氧团和 Si-O-N 复合体，对位错起到“钉扎”作用，从而有可能提高硅片的力学强度。

纯硅的线性热膨胀系数 α 在低温时(<80K)表现为负膨胀效应，随着温度增强，膨胀系数增加，当温度达到一定时，膨胀系数趋向稳定。室温时 $\alpha=2.6\times10^{-6}$/K。硅有较好的热导率，这使得半导体器件在散热方面也具有较强的优势。硅的力学和热学性质如表 2-2 和表 2-3 所示。

表 2-2　硅的力学和热学性质

性　质	参　数
原子密度/(原子/cm^3)	5.0×10^{22}
熔点/℃	1420,1414
密度(25℃)/(g/cm^3)	2.329
熔化热/(kJ/g)	1.8
蒸气压/Pa	1.33×10^{-8}(800℃),1.33×10^{-5}(1000℃)
凝固时体积膨胀率/%	9±1
线膨胀系数/(1/K)	2.6×10^{-6}(300K),4.2×10^{-6}(850K)
热导率(300K)/[W/(cm·K)]	1.313,1.50
硬度(Knoop)/GPa	9.5～11.5
弹性常数/($\times10^{11}$Pa)	$C_{11}=1.6564,C_{12}=0.6394,C_{44}=0.7951$
杨氏模量/($\times10^{11}$Pa)	$E_{[100]}=1.31,E_{[110]}=1.69,E_{[111]}=1.87$
泊松比((111)面)	0.29
断裂应力/($\times10^{3}$Pa)	15～50
临界剪切应力/MPa	1.85

表 2-3　液态硅的性质

性　质	参　数
热导率/[W/(cm·K)]	0.4184,0.22(熔点时)
动力黏度/(mPa·s)	0.88(熔点)；0.7(1500℃)
运动黏度/(mm^2/s)	0.347(熔点)；0.28(1500℃)
表面张力/(mN/m)	736(熔点)；720(1500℃)
热容量/[J/(kg·K)]	0.16(熔点)；0.84(1500℃)
密度/(g/cm^3)	2.533(熔点)；2.50(1500℃)
电阻率/($\times10^{-6}\Omega\cdot cm$)	80(熔点)；100(1500℃)
(全)光发射率	0.33
反射率(633nm)/%	72(熔点)；70(1500℃)
蒸气压/Pa	0.055(熔点)；2.66(1500℃)
沸点/℃	3217,2355

2.1.1.6　硅晶体中的缺陷

单晶硅在生长过程中容易形成各种缺陷，缺陷对器件性能具有显著的影响。缺陷形成机制比较复杂，根据其形成的时间节点可分为原生缺陷和二次缺陷两类。

(1) 原生缺陷是晶体生长过程中形成的点缺陷，如硅晶体中、空位或硅间隙原子缺陷，叫本征点缺陷；而非本征点缺陷主要来源于“外来”杂质原子(包括掺杂原子)。

(2) 器件处理加工制造过程中引入的二次缺陷又叫工艺诱生缺陷，可分为表面缺陷和内部缺陷，主要包括扩散诱生位错、氧化诱生层错、热应力诱生滑移位错、表面微缺陷、氧沉淀等。

硅晶体在生长过程容易形成的缺陷主要有：晶体生长过程中由于热场不均匀等原因造成漩涡缺陷，一般呈条纹状分布；晶体生长速率较高时形成的流动图形缺陷(flow pattern defects,FPD);氧化物的沉积物(crystal originated particles,COP),起源于晶体颗粒等导致的(红外)激光散射缺陷(laser scattering topography defects,LSTD)等。

此外,在器件制作过程中,一般需要高质量的外延生长,但外延生长也会导致各种缺陷的产生。外延层中的缺陷主要有位错、外延堆垛层错、微缺陷(雾状微缺陷)以及棱锥等。外延层缺陷出现的主要因素包括单晶衬底匹配与外延工艺工程。

2.1.1.7 固态硅的结构形态

按照硅原子的排列来划分,固态硅可分为单晶硅、多晶硅、非晶硅三种结构形态。图 2-4 显示了不同形态硅中的硅原子的排列方式。单晶硅内部硅原子在宏观上形成周期规则排列。不同取向单晶硅片是绝大部分半导体电子元器件的基体材料。若固态硅结构由许多单晶硅微粒任意方式聚合构成,则表现为多晶硅。单晶硅微粒相互接触的表面称为晶界。多晶硅由于晶界与缺陷较多,应用面较窄,可用于太阳能电池、显示器等方面。非晶硅中,硅原子排列是无序的,也能用于显示器和太阳能等领域。

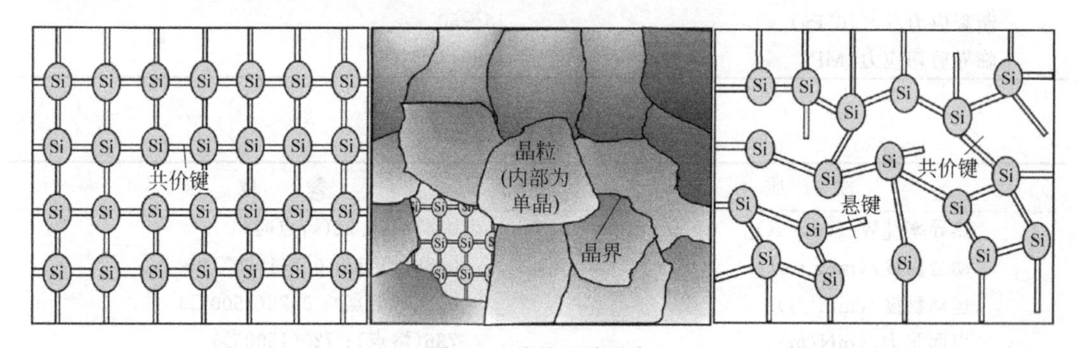

图 2-4 硅的三种形态

由于结构缺陷不同,单晶硅、多晶硅与非晶硅在制作半导体电子器件时,电学性能依次变差,但是制作成本依次降低。因此在制作半导体硅电子器件时,在综合考虑所需性能与器件成本的基础上,可分别选用单晶硅、多晶硅或非晶硅。

2.1.2 锗

锗在化学元素周期表中位于第 4 周期、第ⅣA 族,化学符号是 Ge,原子序数是 32,相对原子质量 72.64。锗单质晶体是一种有光泽、质硬的灰白色类金属,属于碳族,其物理化学属性类似于半导体硅材料。虽然锗元素在自然界分布很广,铜矿、铁矿、硫化矿甚至岩石、泥土和泉水中都含有微量的锗,但锗在地壳中的丰度仅为 $1.3\times10^{-6}\sim4\times10^{-6}$,比氧、硅等常见元素少很多,却比砷、铀、汞、碘、银、金等元素都多。此外,锗元素分布很广,但富集的锗矿却比较少,是一种典型的“稀散金属”。

早在 1869 年,门捷列夫基于元素周期表就预言了锗的存在及其一些属性。在 1885 年一种以硫化银为主的新矿石——硫化银锗矿($4Ag_2S\cdot GeS_2$)被德国矿物学家维斯巴克(A. V. Welsbach)发现。1886 年,德国化学家温克勒(C. A. Winkler)首先从银硫锗矿(Ag_8GeS_6)中分离出锗,并将其命名为锗(Germanium),以纪念他的祖国德国(Germany)。锗材料的大规模应用研究始于 1920 年在西南非发现的锗石矿。1930 年,在德国法兰克福成立了全球第一家生产 GeO_2 的公司。1935 年,美国伊格尔-皮切尔工业公司(Eagle-Picher Industries Inc)开始从锌冶炼中回收锗,并逐步应用到工业生产。1941 年,锗晶体二极管首先被西门子公司发明。第二次世界大战期间,美国贝尔实验室采用高纯锗(阻率为 10～20Ω·cm)制成了晶体管整流器。单晶锗提纯技术与其晶体管方面的应用大大激发了科学家对锗进一步研究的热情与兴趣。1945 年,贝尔实验室成立了由肖克莱(W. Shockley)和布拉顿(W. Brattain)领导的半导体材料研究室,希望通过深入研究锗和硅的物理、化学性质及其应用可能性,尤其希望能制备出全固态的电流放大器。由于硅材料的化学性质相对活泼,因此该研究室重点精力放在锗研究上,并取得了丰硕的研究成果。他们系统地提出了锗半导体导电类型、电阻率、迁移率、少子寿命、扩散长度及位错密度的测量方法。进一步地,1947 年贝尔实验室的巴丁(J. Bardeen)等发明了锗点接触晶体管,从而奠定了现代半导体技术的基石,该年度也被认为是现代半导体工业的发展元年。此后,锗半导体技术不断取得突破与进展：1950 年,首次制备出了锗单晶；1952 年,基于区域提纯法,采用水平区熔技术获得了高纯锗单晶；1958 年,基于锗单晶元件第一个半导体集成电路原型器件被实现。20 世纪 50—60 年代为锗半导体技术的黄金时期,半导体电子器件的 90%是基于锗材料实现的。之后随着硅半导体技术日益完善与成熟,自 20 世纪 70 年代以来,硅半导体及其相关器件应用逐步取代了锗半导体器件；到 20 世纪 80 年代,锗器件在整个半导体器件中占比已不到 10%,此时锗半导体器件主要应用于红外光学等硅半导体器件不适合的领域。应该说,半导体材料中的许多基本概念与定义,以及固态电子学的发展,与锗半导体技术发展与应用是分不开的,如空穴导电、有效质量、带隙、禁带中的杂质态等都是用锗半导体首先进行研究并用于器件实践的,相关的固态电子学一些基本原理性实验也是基于锗半导体才完成的。

2.1.2.1 锗的化学性质

锗的最外层电子为 $4s^2 4p^2$；化学价态有 −4, +2, +4；原子半径 0.122nm。锗有 5 个稳定的同位素,在地壳中所占比例分别为：Ge^{70} (20.4%), Ge^{72} (27.4%), Ge^{73} (7.8%), Ge^{74} (36.6%), Ge^{76} (7.8%)。室温时,锗在空气、水和氧气中稳定存在,常温下,不容易与盐酸、稀硫酸、浓氢氟酸和浓氢氧化钠等酸碱溶液发生反应,具有良好的化学稳定性。随着温度升高,锗的化学性质开始变得活泼,在 400℃时的空气与氧气中开始缓慢氧化,600℃时以上将很容易氧化生成 GeO_2。锗与卤素反应很容易形成锗的 4 价卤化物,即使在室温下,粉末状锗也可与氯(Cl_2)或氟(F_2)发生强烈的化学反应,变为“着火”特性。较高温度时,锗可溶于强酸,如浓硫酸、浓硝酸和王水等。锗可溶于 H_2O_2 溶液,在碱性环境下可加速溶解。由于锗属于碳族,较难与碳发生反应,因此石墨坩埚可用于锗的单晶生长。

2.1.2.2 锗的物理性质

锗的稳定晶体结构为金刚石结构,与硅的稳定晶体结构一致。室温锗的晶格常数为 5.657906Å,密度为 5.3234g/cm^3,原子密度 4.416×10^{22} 个/cm^3。单晶锗在常温下较硬,但在较高温度时开始变软,如在 600℃时具有可塑性,700℃时可弯曲、压缩和拉伸,直线拉伸率可达 20%。锗电学性质、光学性质、热学性质及力学性质分别见表 2-4～表 2-6。

表 2-4 锗的电学性质

性 质	参 数
带隙/eV	0.664(300K),0.785(0K)
跃迁类型	间接(能带图如图 2-5 所示)
本征电阻率/(Ω·cm)	50(25℃)
接近熔点时固态锗电阻率/(Ω·cm)	8.3×10^{-4}
熔点时,液态锗电阻率/(Ω·cm)	8.3×10^{-5}
本征载流子浓度 n_i/cm^{-3}	2.33×10^{13}
n_i 与温度的关系	$n_i(T)=1.76\times10^{16}T^{\frac{3}{2}}e^{(-\frac{0.785}{2kT})}$
电子迁移率 μ_n/[cm^2/(V·s)]	3900(300K)
μ_n 与温度的关系(77~300K)	$\mu_n(T)=4.9\times10^7T^{-1.655}$
空穴迁移率 μ_p/[cm^2/(V·s)]	1800(300K)
μ_p 与温度的关系	$\mu_p(T)=1.05\times10^9T^{-2.33}$
有效质量/(m/m_0)	
电子	1.64(纵向),0.082(横向)
空穴	0.044(轻空穴),0.28(重空穴)

注:m、m_0 分别为有效质量及静止电子质量。

表 2-5 锗的光学性质

光子能量/eV	折射率	消光系数	反射率	吸收系数/10^3cm^{-1}
1.5	4.653	0.298	0.419	45.30
2.0	5.583	0.933	0.495	189.12
2.5	4.340	2.384	0.492	604.15
3.0	4.082	2.145	0.463	652.25
3.5	4.020	2.667	0.502	946.01
4.0	3.905	3.336	0.556	1352.55
4.5	1.953	4.297	0.713	1960.14
5.0	1.394	3.197	0.650	1620.15
5.5	1.380	2.842	0.598	1584.57
6.0	1.023	2.774	0.653	1686.84

表 2-6 锗的热学和力学性质

性 质	参 数	性 质		参 数
熔点/℃	937.4	弹性常数(298K)/GPa 线		$C_{11}=124.0$
熔化时体积收缩率/%	4.7			$C_{12}=41.3$
热容量(25℃)/[J/(kg·K)]	322			$C_{44}=68.3$
沸点/℃	2830	热导率/[W/(cm·K)]	400K	0.60
熔化热/(kJ/mol)	36.945		300K	0.432
升华热/(kJ/mol)	374.5		200K	0.968
			100K	2.32

续表

<table>
<tr><th colspan="2">性　质</th><th>参　数</th><th colspan="2">性　质</th><th>参　数</th></tr>
<tr><td rowspan="5">蒸气压/kPa</td><td>熔点时</td><td>0.2</td><td rowspan="5">热膨胀系数/(10^{-6}/K)</td><td rowspan="2">300K</td><td rowspan="2">6.0</td></tr>
<tr><td>2080℃</td><td>1.33</td></tr>
<tr><td>2440℃</td><td>13.3</td><td rowspan="2">200K</td><td rowspan="2">5.0</td></tr>
<tr><td>2710℃</td><td>53.3</td></tr>
<tr><td>2830℃</td><td>101.3</td><td>100K</td><td>2.3</td></tr>
<tr><td colspan="2">泊松比(125～375K)</td><td>0.278</td><td colspan="2">莫氏硬度</td><td>6.3</td></tr>
<tr><td colspan="2">表面张力(熔点时,液态)/(mN/m)</td><td>650</td><td colspan="2">断裂模量/MPa</td><td>72.4</td></tr>
</table>

锗的能带图如图 2-5 所示。

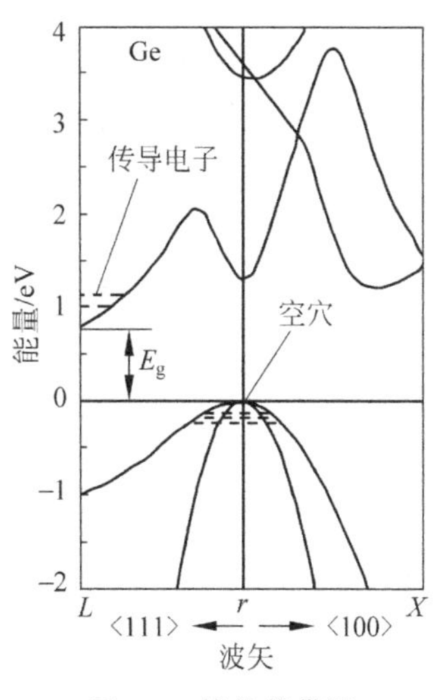

图 2-5　锗的能带图

2.1.2.3　锗的主要应用

锗材料主要应用于半导体电子器件、光导纤维、红外元器件、太空用太阳能电池等领域。相对于硅半导体材料,锗晶体管在大功率器件中的性能具有明显优势。尤其锗材料对于制备整流及提升电压的二极管、混频、功率放大与直流交换三极管,光电池和热电效应元件等一些高频与大功率器件具有硅不可比拟的优势,因此目前锗在半导体工业上仍有一席之地。此外,掺锗的光导纤维具有高折射率、低色散,在当前的光纤通信领域具有较广泛的应用前景。另外,GeO_2 添加于 SiO_2 玻璃,可使其折射率和红外透过率增大(红外光透过率高达 70%～80%),因此其被广泛用作红外窗口、导流罩、广角透镜和显微镜等方面。基于锗材料所制备的红外器件已应用于军事遥感和空间科学技术,如用于红外通信、红外夜视、红外侦察、红外雷达与导弹的红外制导,以及各种军事目标的侦测与搜索等。

2.1.2.4　锗的制备

1. 锗的制备

由于锗在地壳中分布极为分散,一般存在于煤、金属硫化物等矿物的含锗矿石中。锗含量在不同的锗矿石是不同的,如硫银锗矿($4Ag_2S \cdot GeS_2$)含锗 6.93%;锗石($7CuS \cdot FeS \cdot GeS_2$)含锗 6%～10%,黑硫银锡矿[$4Ag_2S \cdot (Sn \cdot Ge)S_2$]含锗约 1.82%。制备单晶锗半导体材料时,一般会带来一些副产品,如 ZnS 等。

1) 锗矿石制备单晶锗

要制备锗半导体单晶,首先要从锗矿石中提纯出高纯锗(纯度为 99.999%),制备过程包括:锗的富集,$GeCl_4$ 的制备、提纯、水解和 GeO_2 的氢还原等步骤。具体过程如下:

锗的富集。从锗矿中提炼出锗化合物称为锗的富集,主要由火法和水法两种技术途径:火法是指通过加热的方法将锗矿物砷等杂质挥发,得到仅含有 GeO_2 的锗氧化物;水法是指采用硫酸浸泡锗矿石,然后用络合物将锗沉淀,再将沉淀物过滤焙烧,获得 GeO_2 的锗氧化物。

$GeCl_4$ 的制备。基于化学反应式 $GeO_2+4HCl=GeCl_4+2H_2O$，将含有 GeO_2 的矿物和盐酸反应，生成 $GeCl_4$。

$GeCl_4$ 的提纯。基于以上方法获取的 $GeCl_4$ 中，在盐酸中采用化学萃取将 As、Si、Fe 等氯化物杂质与 $GeCl_4$ 进行分离。通过提纯可去除主要杂质 As，以及大部分其他杂质（Al、B、Sb 等）。

$GeCl_4$ 的水解。提纯后的 $GeCl_4$ 通过水解，生成水合物 $GeO_2\cdot nH_2O$，反应方程式为：$GeCl_4+(2+n)H_2O=GeO_2\cdot nH_2O+4HCl$。

GeO_2 的氢还原。GeO_2 在高温下与 H_2 反应，生成粉末状的锗。化学反应式：$GeO_2+2H_2=Ge+2H_2O$。

基于以上化学方法制备与提纯的锗，其纯度较低，一般以不高于 5 个“9”。因此，还需进一步区域熔炼得到更高纯度的锗以便用于锗半导体器件应用。

2）烟道灰制备锗

煤燃烧产生的烟道灰中含有锗的氧化物比煤中要高出 100～1000 倍，因此，单质锗可采用烟道灰方式制备与提纯，基本过程如下：

烟道灰（含锗的氧化物）$\xrightarrow{\text{加盐酸}}$锗的氯化物$\xrightarrow{\text{加水}}$锗酸$\xrightarrow{\text{加热}}$纯净的锗的氯化物$\xrightarrow{\text{通入氢气}}$锗。

化学反应过程如下：

$$GeO_2+4HCl=GeCl_4+2H_2O,$$
$$GeCl_4+4H_2O=H_4GeO_4+4HCl,$$
$$H_4GeO_4=2H_2O+GeO_2,$$
$$GeO_2+2H_2=Ge+2H_2O。$$

2. 高纯锗的制备

基于锗矿物所制备与提纯的锗的纯度一般只有 99.999%，该纯度对半导体器件应用而言，杂质太多，还需要通过水平区熔技术进一步提纯。

水平区熔提纯方法是采用水平式石英管加热炉，将粉末状金属锗放入 3cm×4cm×1m 左右条状石英坩埚进行区熔晶体生长，经过多次区熔，就能得到高纯的多晶锗棒，其纯度可到达 9 个“9”以上。为获得不同尺寸的多晶锗棒，可通过改变坩埚的尺寸与工艺参数实现。

3. 锗单晶的制备

基于水平区熔制备出来的高纯的棒状多晶锗，通过直拉单晶技术（Czochralski 技术）生长直拉锗单晶棒。

单晶生长一般需要经过装炉、熔化、烤晶、引晶、缩颈、放肩、等径和收尾等工艺程序与步骤。首先将装有适量的掺杂剂高纯锗的石英坩埚放入晶体炉内；在真空环境下，将坩埚温度升至 940℃以上，使锗熔化；在拉杆或软轴上放置无位错锗单晶作籽晶，通过烘烤籽晶使籽晶温度尽量接近熔体；然后将籽晶垂直浸入温度略高于熔点的熔融锗中，以一定的速度从熔体向上拉出锗晶体，使熔融锗沿籽晶的结晶方向凝固；在拉晶时，同时采用缩颈技术（Dash 技术），使引晶的直径逐渐减小，以便让拉晶产生的热冲击位错尽可能地减少；通过降低晶体生长速度方法，使得晶体直径增加与生长；进一步通过控制晶体拉速、坩埚和晶体转速等措施，保持晶体直径不变，并维持晶体不断生长；最后，加快晶体提升速度，使晶体直径逐渐变小，最终单晶生长于一点，完成整个拉晶生长过程。

单晶棒生长完成后，还需要经过切断、滚圆、切割、研磨和抛光等加工过程，制备成可供器件应用的锗抛光基片。

如果锗单晶应用于光学器件，单晶位错影响较小，因此可以进一步简化拉单晶工艺，如可以不用缩颈工艺，可提升晶体生长速率，以降低生产成本。但是对于用于电子器件的锗单晶，必须严格拉单晶正常流程，尽量避免防止晶体位错的形成。采用直拉技术生长的锗单晶电阻率约为 40Ω·cm，尚不能满足于探测器级锗单晶。因此，对于高精度的 γ 探测器，还需要制备出更高纯度的锗单晶，可采用籽晶水平区熔技术生长制备高纯度锗单晶，其工艺与水平区熔制备高纯度多晶锗基本相同，但籽晶的加入，减少了晶界与杂质在晶界偏聚的可能性，其晶体纯度可进一步提高。

2.2 Ⅱ-Ⅵ族化合物半导体材料

化合物半导体指两种或两种以上元素组成的化合物晶体，并具有某些半导体性质。化合物半导体包括二元化合物半导体、三元化合物半导体、多元半导体及稀土化合物半导体。二元化合物半导体中，已获得广泛应用的半导体包括Ⅱ-Ⅵ族、Ⅲ-Ⅴ族、Ⅳ-Ⅵ族、Ⅳ-Ⅳ族化合物半导体等(涉及的元素主要如图 2-6 所示)。由于三元和多元化合物半导体材料在工业上应用相对较少，因此本书不做专门介绍。本节和下一节将介绍应用最广的化合物半导体材料——Ⅱ-Ⅵ族化合物半导体材料和Ⅲ-Ⅴ族半导体材料。

	B	C	N	O
	5	6	7	8
	Al	Si	P	S
Ⅱ	13	14	15	16
Zn	Ga	Ge	As	Se
30	31	32	33	34
Cd	In	Sn	Sb	Te
48	49	50	51	52
Hg	Tl	Pb	Bi	Po
80	81	82	83	84

图 2-6 化合物半导体相关元素

Ⅱ-Ⅵ族化合物半导体材料是由元素周期表中ⅥA 族元素(O，S，Se，Te)与ⅡB 族元素(Zn、Cd、Hg)组成的二元化合物材料，它们所具有的基本性质如表 2-7、表 2-8 所示。Ⅱ-Ⅵ族化合物半导体材料在室温下的稳定结构主要为闪锌矿或纤锌矿结构。在闪锌矿晶格中，主要解理面为{110}面或{0$\bar{1}$0}面，而在纤锌矿晶格中，主要解理面为{0001}面或{10$\bar{1}$0}面。由于纤锌矿结构中在沿[0001]方向的原子面是由Ⅱ族原子和Ⅵ族原子交替构成，不同原子层电子分布存在差异，因此沿此方向具有极化特性。而在闪锌矿中的[111]方向具有类似特征，也具有极性的方向。考虑在Ⅱ-Ⅵ族化合物半导体晶体结构中不同取向具有极化的特征，在光电器件的制作与应用中，应该充分考虑其极化特性对器件性能的影响。

Ⅱ-Ⅵ族化合物相对于Ⅲ-Ⅴ族化合物，更易形成离子键，因此，熔点较高，熔化时蒸气压较高。采用气相方法时，由于其蒸气压较高，导致其单晶生长较困难。

表 2-7 Ⅱ-Ⅵ族化合物半导体

材料	晶体结构	晶格常数	带隙/eV	迁移率/[cm^2/(V·s)]		介电常数		密度/(g/cm^3)
				电子	空穴	ε_0	ε_∞	
ZnO	纤锌矿(W)	$a=0.3250$ $c=0.5207$	3.2[①]	100～1000	180	8.75 7.8	3.75,//c 轴 3.70,⊥c 轴	5.68
ZnS[②]	闪锌矿(S)W	0.5409 $a=0.3823$ $c=0.6260$	3.66 3.74～3.88	600 165～280	40 100～800	8.37 9.6	5.13 5.13～5.7	4.09
ZnSe	S W	0.5668 $a=0.4003$ $c=0.6540$	2.72	500～625	28～30 110	9.1 —	6.3	5.26 5.28
ZnTe	S W	0.6102 $a=0.4273$ $c=0.6989$	2.2 2.80～2.83	560 340	100～120	9.3, 10.1	— 6.9,7.28	5.64
CdS	S	0.5833 $a=0.4136$	2.31				5.32,//c 轴 5.32,⊥c 轴	
CdSe	W S	$c=0.6714$ 0.6480	2.41 1.66～1.74	300～350	15～40	9.12 8.45	— 5.96,//c 轴	4.83
CdTe	W S	$a=0.4300$ $c=0.7002$ 0.6481	1.73～1.76 1.47	450～950 500～1000	10～50 70～120	— 10.2 9.33 10.26	6.05,⊥c 轴 7.3	5.67 5.86
HgS	α-HgS β-HgS	$a=0.4149$ $c=0.9495$ 0.5852	2.1 半金属	30～45,//c 轴 10～13,⊥c 轴 250	— —	23.5 18.2	7.9,//c 轴 6.3,⊥c 轴	8.19
HgSe	S	0.6085	(半金属) 0.12	5000		25.6	15.9	8.24
HgTe	S	0.6453	半金属	26500	700 (90～120K)	20	14	8.08

① 均为直接带隙。

② ZnS 还有 4H-ZnS,6H-ZnS,8H-ZnS,10H-ZnS 等多种晶形。

表 2-8 材料的基本性质(300K)

材料	熔点/K	熔点时最小蒸气压/kPa	热膨胀系数/(10^{-6}/K)	热导率/[W/(cm·K)]	折射率	二级弹性模量/GPa	莫式(Mohs)硬度
ZnO	2.248	—	2.9,//c 轴 4.8,⊥c 轴	0.54	1.92～1.94 (1.4μm)	$C_{11}=207$,$C_{12}=117.7$, $C_{13}=106.1$,$C_{33}=209.5$, $C_{55}=44.8$,$C_{66}=4.46$	5.0
ZnS	2103	375,1×10^4	6.36(S)	0.27(S)	2.3 (1.4μm)	$C_{11}=104.6$,$C_{12}=65.3$, $C_{44}=64.13$	3.4～4
ZnSe	1793	53.7,7×10^3	7.7(S)	0.13,0.19(S)	2.4 (1.4μm)	$C_{11}=80.0$,$C_{12}=48.8$, $C_{44}=44.1$	—

续表

材料	熔点/K	熔点时最小蒸气压/kPa	热膨胀系数/(10^{-6}/K)	热导率/[W/(cm·K)]	折射率	二级弹性模量/GPa	莫式(Mohs)硬度
ZnTe	1658	64.8	8.2	3.7	2.7 (1.4μm)	C_{11}=71.3, C_{12}=40.7, C_{44}=31.2	—
CdS	1750	385	3.6	0.20		C_{11}=53.34, C_{12}=46.5, C_{33}=93.7, C_{44}=14.87, C_{55}=15.33, C_{66}=16.3	3.0～3.5
CdSe	1512	42	2.5～4.4	0.043	2.3 (1.4μm)	C_{11}=74, C_{12}=45.2, C_{13}=39.3, C_{33}=83.6, C_{55}=13.2, C_{66}=14.5	—
CdTe	1365	23.3	4.9	0.075	2.4 (1.4μm)	C_{11}=53.3, C_{12}=36.5, C_{44}=20.4, C_{11}=35, C_{33}=48.6, C_{66}=13(α相)	
HgS	1820	12000	—	—	2.7 (1.4μm)	C_{11}=81.3, C_{12}=62.2, C_{44}=26.4(β相)	3.0
HgSe	1072	—	1.46	0.017		C_{11}=61.0, C_{12}=44, C_{44}=22	2.5±0.5
HgTe	943	1250	4.6	0.019	4.0 —	C_{11}=53.6, C_{12}=36.6, C_{44}=21.2	2.5

Ⅱ-Ⅵ族化合物半导体一般为直接跃迁型能带结构，类似原子序数形成化合物时，带隙比Ⅲ-Ⅴ族化合物大，如 ZnSe 的带隙(2.7eV)大于 GaAs 的带隙(1.43eV)。此外，在Ⅱ-Ⅵ族半导体中，随着化合物原子序数 Z 的增加，带隙 E_g 逐渐变小，如图 2-7 所示。

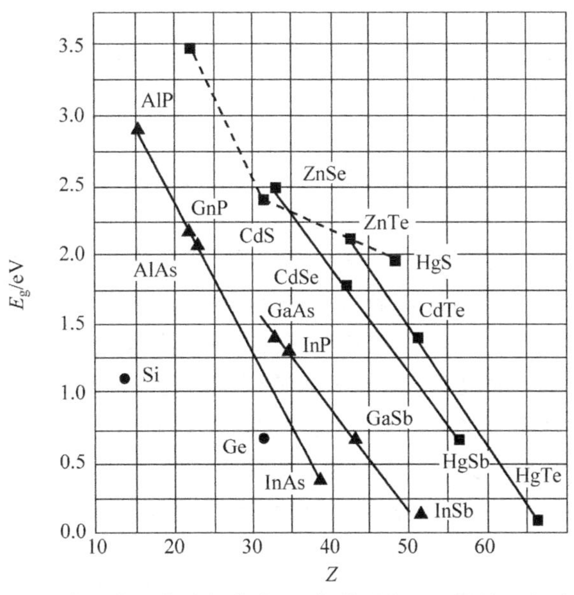

图 2-7　若干半导体材料带隙 E_g 与其平均原子序数 Z 的关系

2.2.1 光学性质

Ⅱ-Ⅵ族化合物半导体材料在光学器件上具有广泛的应用，如显示用荧光粉、X射线感应器及闪烁晶体等。由于材料的反射系数 R、吸收系数 α 与入射光的能量($h\nu$)相互影响。Ⅱ-Ⅵ族半导体具有较大的带隙，若入射光 $h\nu>E_g$，吸收系数 α 一般位于 $10^4\sim10^5\text{cm}^{-1}$；而当 $h\nu<E_g$ 时，吸收系数 α 急剧下降；当 $h\nu<0.1\text{eV}$ 时，α 约为 1cm^{-1}。而Ⅱ-Ⅵ族半导体一般为直接带隙，因此其反射系数与入射光子能力具有较大的响应范围。直接带隙半导体外观特征一般取决于光入射时的本征吸收边特征，如 ZnO 和 ZnS 的吸收边在紫外。可见光能透过，它们的晶体呈现出无色透明特征。而 CdSe 和 CdTe 的吸收边在红外，可见光会被吸收，不能透过，引起其晶体呈不透明的灰色。而吸收边处于可见波段的其他Ⅱ-Ⅵ族化合物半导体随着 E_g 减小，晶体的颜色由黄色(ZnSe)到暗红色(ZnTe)变化。

半导体晶体中光吸收过程与现象主要来源于光子与自由载流子的相互作用。光子的吸收主要跟自由载流子的激发相关，因此吸收系数 α 近似与自由载流子浓度成正比。吸收系数与波长的关系可表示为：$\alpha\sim\lambda^S$(S 为散射系数，与材料结构与载流子浓度紧密相关)，如对载流子浓度约为 10^{17}cm^{-3} 的 CdS、CdSe，S 为 2.5～3.5。

除具有高载流子浓度半导体，在合适的入射光范围内，化合物的反射系数 R 值将随入射光能量下降而单调地下降到某一特定值，其表达式为

$$R=(n_r-1)^2/(n_r+1)^2$$

式中 n_r 为折射率。在入射光 $\lambda=10\mu\text{m}$ 时，室温Ⅱ-Ⅵ族化合物的 n_r 值为 2.1～2.7。反射率对透过率也有显著影响，在不考虑干涉效应的情况下，透过率公式可近似写为

$$T=(1-R)^2/(1-R^2)$$

此外，热振动声子也会显著影响化合物半导体的吸收系数与反射系数。这主要是因为晶格振动模激发将改变晶格吸收，尤其在入射光子能量与声子激发能相近时，影响尤为显著。一些Ⅱ-Ⅵ族化合物半导体在光照情况下可显著改变其电导，因此可用于光探测器件。如 CdS、CdSe 及其一些合金化合物结构的光电导已得到广泛的研究与应用。光电导大小也与化合物半导体中深能级杂质紧密相关，如在Ⅵ族 Cd 化合物中的深受主(例如 Cu)杂质所产生的光电导可能超过本征光电导，当入射光子能量 $h\nu<E_g$ 时，电子能从某些禁带中的施主杂质能级激发到导带。因此，为提高光电导率，也可以通过深能级掺杂引入光敏中心来实现。

由于Ⅱ-Ⅵ族化合物半导体带隙范围分布广泛，其光致发光(PL)特性丰富。其发光峰不仅与带隙宽带相关，也与其内部缺陷和杂质密切相关。为了获得所需的 PL，可在Ⅱ-Ⅵ族化合物掺入Ⅰ族深受主杂质(尤其是 Cu)与Ⅲ族或Ⅶ族浅施主杂质作为激活中心，也可掺入过渡族元素杂质(如 Mn)，通过调节掺杂元素得到所需的光学性能。我们可以根据 PL 谱相关特征来判断发射类型，带边发射中的尖锐发射峰主要与激子复合有关，如 CdS 中的蓝光带边发射主要源于束缚激子复合。发射光子能量明显低于 E_g 时，会出现较宽的发射带，一般是来源于施主(受主)-深受主(深施主)对的复合；如在掺 Cu、掺 Al 的 ZnS 中观察到的绿光发射带就是因为 Cu-Al 杂质对的电子复合。

采用高能电子轰击可激发电子-空穴对可实现Ⅱ-Ⅵ化合物的阴极发光，所得发光谱与激发光子能量大于带隙时所得 PL 谱类似。

2.2.2 杂质自补偿特性

在大多数Ⅱ-Ⅵ族化合物半导体中，都存在着掺杂自补偿现象。由于自补偿特性，掺入的杂质往往被同时引入的具有相反电荷的杂质缺陷补偿，例如，掺入施主杂质时伴随着受主型空位出现，施主激发的电子被受主俘获而不能进入导带，使掺杂“失效”。因此，某系类型掺杂很难实现，如 ZnS、CdS、ZnSe、CdSe 只能获得其 N 型材料，而 ZnTe 只能获得其 P 型材料。

基于自补偿原理，在Ⅱ-Ⅵ族半导体化合物中，补偿中心主要是金属空位和硫属元素的空位，但“单独”的金属离子空位很难出现，往往起受主作用的是金属离子空位与施主杂质的复合体。此外，一些杂质呈现“两性”特性，如 ZnSe 和 CdS 中掺入 Li，Li 替位 Zn 成为受主，但也可能处于间隙位置而成为施主。马法林(Marfaring)认为杂质与点缺陷紧密相关。此外，自补偿(程)度与化合物的化学键和离子半径有关：一般来说，离子键容易产生自补偿度；小离子半径(r)越小，易于形成空位；如 CdS 中，$r_{S}^{2-} < r_{Cd}{}^{2+}$，形成空位，CdS 中受主杂质将被施主，难以实现 P 型掺杂。

以下给出一个描述自补偿程度的定量方法。若 $E_g/\Delta H_v \geqslant 1$($E_g$，$\Delta H_v$ 分别为带隙和空位形成焓)，自补偿度大，仅仅能实现 N 型或 P 型掺杂，而 $E_g/\Delta H_v < 0.75$ 时，自补偿度小。对同一种材料，在热平衡条件下，可分别实现 N 型或 P 型掺杂。图 2-8 给出了一些重要的Ⅱ-Ⅵ化合物半导体材料与其他典型半导体材料的 E_g-$E_g/\Delta H_v$ 关系对比图，在 $E_g/\Delta H_v = 0.75$ 左侧的可实现 N 型或 P 型掺杂，在其右侧的化合物一般只能实现 N 型或者 P 型掺杂，从图中也可清晰地看到，大部分Ⅱ-Ⅵ化合物半导体仅能实现单一类型掺杂。

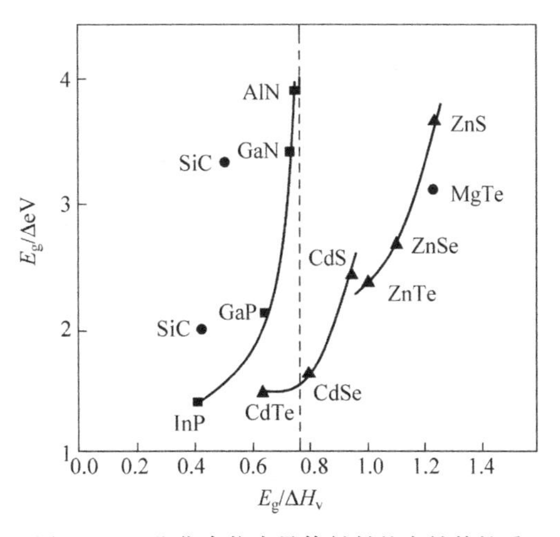

图 2-8 一些化合物半导体材料的自补偿性质

当然，自补偿问题可以通过非平衡过程(如离子注入)或在低温下掺杂进行解决。这是因为非平衡过程不受杂质溶解度限制，低温环境可防止补偿中心的形成。

2.2.3 应用概述

Ⅱ-Ⅵ族化合物半导体在整个可见光波段都是直接能隙，因此是非常重要的光学和光电器件材料，它们已广泛应用在激光、发光器件、光波导、平面彩色显示器、光调制器以及光学双稳态器件等方面。例如应用在阴极射线管中的磷光体材料(如掺 Ag 的 ZnS(蓝色)，掺 Cu 的 ZnCdS 等)、场致发光的平面光源(掺 Cu 与 Br 的 ZnS 粉末)、薄膜太阳电池如 CdS/CdTe 等。主要应用包括以下几方面：①新型固态光源。采用 ZnSe 基材料可制成绿-蓝光 LED 和 LD，已成为全色固态光源的重要候选材料。②薄膜场致发光显示器。采用 ZnS 薄膜场致发光材料，可实现各种面积、各种结构与形状的平面光源，其发光效率高、耗电少。③光/辐射探测器。CdTe 是高能辐射、高能粒子探测器中不可替代的关键材料，已经在核安全、医学、汽车制造等领域有着重要应用。近年来，HgCdTe/CdTe 材料在红外成像方面发挥着越来越重要的作用。④光电导探测器。CdS、ZnSe 等材料已在诸多领域有着很好的应用。⑤太阳光伏电池。CdS/CdTe 的理论光伏转换效率超过 30%，目前大面积 CdS/CdTe 薄膜组件效率也超过 13%，并已开始较大规模产业化。此外，利用 ZnSe 可以制造 ZnSe/GaAs/Ge 单晶薄膜三结级联太阳能电池，是下一代太阳能电池的重要候选对象。⑥热/远红外探测。HgCdTe/CdTe 所制备的 3～5μm、8～14μm 红外探测器已开始应用于国防、勘测等诸多领域。

Ⅱ-Ⅵ族化合物半导体材料组成元素及结构使得其性能丰富，因此在许多方面有着潜在的应用，如近年来发现Ⅱ-Ⅵ族化合物在非线性光学、光折射、声光效应等领域也有着重要的应用前景。此外，Ⅱ-Ⅵ族半导体与传统半导体材料集成与匹配应用也引起了人们的关注与重视，如与硅及Ⅲ-Ⅴ族材料集成器件开发以及在光加工、光存储及计算等方面的应用探索。

2.3 Ⅲ-Ⅴ族化合物半导体材料

Ⅲ-Ⅴ族化合物半导体材料包括由周期表中ⅢA 族元素 B、Al、Ga、In 和 VA 族元素 N、P、As、Sb 组成的化合物，如 AlN、AlAs、AlP、AlSb、GaN、GaAs、GaP、BN、BP、BAs、GaSb、InN、InAs、InP 和 InSb，其中 GaN、BN 及 AlN 等具有宽的带隙，为典型的第三代半导体材料。Ⅲ-Ⅴ族半导体材料一些基本性质如表 2-9 和表 2-10 所示。

表 2-9 Ⅲ-Ⅴ族化合物半导体材料的基本性质(一)

半导体	晶体结构	晶格常数(300K)/nm	共价半径/nm	带隙(300K)E_g/eV	本征载流浓度(300K)/cm^{-3}	迁移率(300K)/[cm^2/(V·s)]	
						电子	空穴
BN	六角(H) 闪锌矿(S)	a=0.2504 c=0.6661 0.3166	0.088,0.070	3.2～5.8(H), d 6.4(S)			
BP	S	0.4538	0.110	2.2,i		120	500
BAs	S	0.4777		1.85(计算),i 0.67(测量),i			
AlN	纤锌矿(W)	a=0.3110 c=0.4980	0.126,0.070	6.24,d		300	14
AlP	S	0.5463	0.110	3±0.3(计算),i 2.5(测量),i		80	450
AlAs	S	0. 5660	0.118	2.15,i		294	
AlSb	S	0.6134	0.136	1.62,i		200	400
GaN	W	a=0.3189 c=0.5182	0.126, 0.070	3.4,d		900	10
GaP	S	0.5447	0.110	2.27,i		150～160	120～135
GaAs	S	0.5653	0.118	1.42,d	1.3×10^6	8500～10500	320～430
GaSb	S	0.6096	0.136	0.75,d		7700	1000
InN	W	a=0.3540 c=0.5704	0.144, 0.070	2.05,d		4400(理论值)	
InP	S	0.5868	0.110	1.35,d	6.9×10^7	5400	150
InAs	S	0.6058	0.118	0.35～0.46,d	8.1×10^{14}	3300	450
InSb	S	0.6480	0.136	0.18,d	1.4×10^{16}	7×10^4～1×10^5	850

注：d 为直接跃迁；i 为间接跃迁。

表 2-10 Ⅲ-Ⅴ族化合物半导体材料的基本性质(二)

半导体	有效质量 m^*		介电常数(300K)		密度/(g/cm³)	熔点/K	熔点时蒸气压/MPa	热膨胀系数/(10^{-6}/K)	热导率/[W/(cm·K)]	硬度/(Mohs)	折射率
	电子	空穴	$\varepsilon_{(0)}$	$\varepsilon_{(\infty)}$							
BN	0.752(立方)	0.375//[100] 0.926⊥[111] 0.150//[100] 0.118⊥[111]	5.6,//c 轴, 5.06 6.9,⊥c 轴 7.1(c)立方	4.10 4.95 4.5 (立方)	2.23	3200	7×10^3,N_2 压	1.8	8～13	2	2.13,//c 轴 1.65,⊥c 轴
BP	0.67	0.042	11.0		2.97	3300	2.4,P 压	3.65	3.6		3.0～3.3
BAs					5.22	2300					
AlN	4.16		9.2	4.8	3.26	3100 2673	8.0	4.15,//c 轴 5.27,⊥c 轴	2.6～3.2		2.0
AlP	3.67,//① 0.212,⊥②	0.513//[100] 1.372⊥[111] 0.211//[100] 0.145⊥[111]	9.8	7.5	2.36	2820			0.9～1.3	5.5	3.1
AlAs	0.11	0.22	10.06	8.16	3.74	2013±20		5.2	0.84		
AlSb	1.8//[100] 0.3⊥[100]	0.34 0.12	12.04	10.24	4.2	1335	4×10^{-3}	3.8	0.59		3.0～3.4
GaN	0.27	0.8	静态 10.4,//c 轴 9.5,⊥c 轴	5.8 5.4	6.1	1770	>20	5.4～7.2	1.1		2.4～2.6
GaP	0.25//[100] 4.8⊥[100]	0.67 0.17	11.1	9.1	4.13(固) 4.60(液)	1743	3.0	5.81	1.0 0.77	5	3.2～3.9

续表

半导体	有效质量 m^*		介电常数(300K)		密度/(g/cm³)	熔点/K	熔点时蒸气压/MPa	热膨胀系数/(10^{-6}/K)	热导率/[W/(cm·K)]	硬度/(Mohs)	折射率
	电子	空穴	$\varepsilon_{(0)}$	$\varepsilon_{(\infty)}$							
GaAs	0.063	0.5 0.08	12.4	10.6	5.26(固) 5.71(液)	1510±3	0.098	6.0	0.46	4.5	3.25
GaSb	0.045	0.28 0.05	15.7	13.5	5.61(固) 6.06(液)	975	$<4\times10^{-5}$	6.7	0.33	4.5	3.7
InN	0.12	0.5 0.17	15.3	8.4,9.3	6.88	1473	3.0				2.56(1.0μm) 3.12(10.66μm)
InP	0.26	0.6 0.12	12.56	9.61	4.78(固) 5.15(液)	1331	2.5	4.3	0.7		
InAs	0.03	0.39 0.026	15.2	12.3 9.25	5.66(固) 5.90(液)	1216	1216	0.033	5.2	0.26	
InSb	0.0136	0.34 0.015	16.8	15.7	5.78(固) 6.48(液)	802±3	1.33×10^{-10}	5.1	0.18		

①纵向；②横向。

1952年德国科学家威克尔(Welker)发现，Ⅲ-Ⅴ族化合物与镓、锗一样，具有典型的半导体特征，此后Ⅲ-Ⅴ族半导体材料引起了人们广泛兴趣与研究热情，并在材料制备与器件应用方面取得了巨大的进展。Ⅲ-Ⅴ族化合物半导体材料因其具有优异的光学和电学特性，已成为当今重要的光电子和电子器件的关键材料，其在微波器件、太阳能电池、光电器件、红外成像及传感器件等方面具有广泛的应用，已在遥感侦测、节能环保、通信信息等领域发挥重要的作用。

2.3.1 基本性质

GaAs、InP、GaP、GaN、AlN、InN、BN、InSb和GaSb、InAs及它们所形成的若干种固溶体等Ⅲ-Ⅴ族材料目前已经得到了广泛的应用。与硅相比，Ⅲ-Ⅴ族半导体材料主要具有以下基本性质：①具有较大带隙，室温时带隙大都在1.1eV以上，能用于制作高功率高温器件。②大都为直接带隙，具有较高光电转换效率，适于制作光电器件，如LD(激光二极管)、LED(发光二极管)、太阳电池等。虽然部分Ⅲ-Ⅴ族半导体材料为间接带隙(如GaP)，但因其具有较大带隙，可通过掺入施主杂质形成的束缚激子发光，具有较高的发光效率，也是用于制造红、黄、绿光LED的重要半导体材料之一。③具有高电子迁移率，Ⅲ-Ⅴ族半导体材料因为这个特性已广泛用于高频、高速器件。

对于Ⅲ-Ⅴ族半导体材料，一般具有较大带隙，但带隙在不同温度下变化较大，其带隙与温度的关系可表示为

$$E_{g(T)}=E_{g(0)}-\alpha T^2/(T+\beta)$$

式中：$E_{g(0)}$为$T=0$K时的带隙；α、β值列于表2-11。利用表中相关数值，可用于设计半导体器件工作温度范围。

表2-11　部分Ⅲ-Ⅴ族化合物半导体材料的$E_{g(0)}$、α、β值

化合物	$E_{g(0)}$/eV	$\alpha/(10^4\text{eV}\cdot\text{K}^{-1})$	β
AlP	2.52	3.18	588
AlAs	2.239	6.0	408
AlSb	1.687	4.97	213
GaP	2.338	5.771	372
GaAs	1.519	5.405	204
GaSb	0.810	3.78	94
InP	1.421	3.63	162
InAs	0.420	2.50	75
InSb	0.236	2.99	140

2.3.2 晶体结构、化学键和极性

Ⅲ-Ⅴ族半导体材料中的AlN、GaN、InN、BN等在常温常压下其稳定结构为纤锌矿结构外，其他Ⅲ-Ⅴ族半导体材料相结构一般为闪锌矿结构。闪锌矿结构是一种典型的金刚石结构，与硅和锗常温常压的稳定的晶体结构类型是相同的。在该晶体结构中，每个原子最近邻有4个异种原子，配位数为4，以原子为中心组成正四面体结构，其中每个原子位于正四面体的中心，其4个最近邻原子处于四面体顶角；其化学键为四面体键，键角为109°28′。

这种结构也可看作Ⅲ族原子所组成的面心立方晶格与Ⅴ族原子所形成的面心立方晶格沿体对角线([111]方向)平移1/4套构而成。该结构为非对称中心的空间群为F43m。而纤锌矿结构是具有六角对称性的空间群为P63mc,也是非中心对称的;晶格堆垛方式为,沿立方[111]方向的堆垛是ABCABC…,沿六角[0001]方向的堆垛是ABAB…。

由于Ⅲ-Ⅴ族半导体晶体结构形成主要与其化学键有关,化学键特性又将影响其半导体特性。对于元素半导体而言,其化学键主要表现为共价键,同族元素中,共价键能随原子序数增大而减小,其熔点也将越低,带隙变小。Ⅲ-Ⅴ族化合物半导体材料具有类似规律,随着组成元素的原子序数 N_1 与 N_2 的和越大,熔点就越低,带隙越来越小,如图2-9所示。

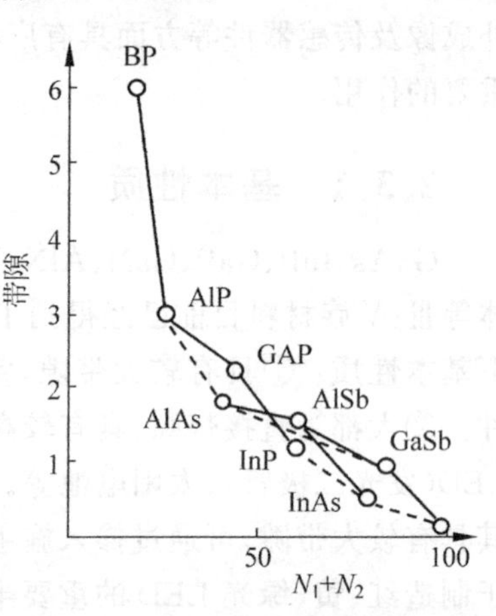

图2-9 Ⅲ-Ⅴ族化合物原子序数 N_1+N_2 的和与带隙的关系

Ⅲ-Ⅴ族半导体材料一般具有一定化学键极化特性,其极性主要来源于化合物共价键中的离子键特性,由于结构非对称性,组成离子键不同原子间负电性差越大,所表现的极性将越强。

此外,Ⅲ-Ⅴ族半导体的极性与其晶体结构紧密相关。对于闪锌矿结构,是由一系列Ⅲ族原子和Ⅴ族原子组成的双原子层(电偶极层)沿〈111〉方向依次排列而成的,由于〈111〉与〈$\bar{1}\bar{1}\bar{1}$〉是电荷分布的不等效,从而形成极性。从图2-10可知,沿〈111〉方向双原子层中的Ⅲ族原子层在Ⅴ族原子层的后面;而从〈$\bar{1}\bar{1}\bar{1}$〉方向却相反,因此,Ⅲ族原子周围电荷分布与Ⅴ族原子周围不同,从而使双原子层成为电偶极层,〈111〉轴就变成了一极性轴。极性轴形成主要是因为(111)面和($\bar{1}\bar{1}\bar{1}$)面上化学键结构不同而使得有效电荷分布出现非对称极性化。

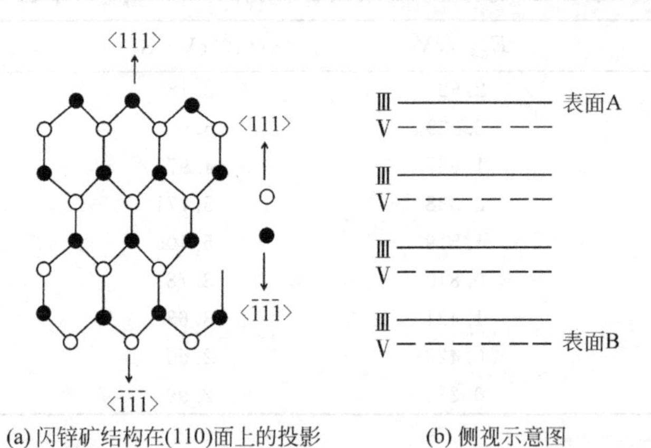

(a) 闪锌矿结构在(110)面上的投影　(b) 侧视示意图

图2-10 Ⅲ-Ⅴ族化合物晶体原子排列在(110)面上的投影

由于闪锌矿结构的Ⅲ-Ⅴ族化合物的极化特性,将对其物理化学特性有着较大影响。①影响解理面,一般对于面心立方晶体中(111)面的面间距最大,相邻晶面间单位面积上键数最少,是晶体的解理面,如硅、锗的解理面均为(111)面。但由于Ⅲ-Ⅴ族半导体的极化特性,其主要解理面不是(111)而是(110)。这是因为在Ⅲ-Ⅴ族半导体中的(111)面间带异性电荷的Ⅲ族、Ⅴ族原子间具有较大的库仑力,分离较困难。而(110)面是由数目相同的异类原子组成的,为非极性面,没有库仑引力,较易分离而成为主要解理面。②影响晶面腐蚀行为。一般而言,Ⅴ族原子面(常称为B面)原子由于负电性较大,比Ⅲ族原子面(常称为A面)原子化学活性强,更易于氧化,腐蚀速度更快。基于不同Ⅲ-Ⅴ族半导体不同晶面的腐蚀特性,因此常用腐蚀法判断〈111〉取向单晶的 A、B 面。③影响晶体生长取向。若晶体生长沿闪锌矿结构的〈111〉方向,由于极化特性,A、B 面的生长速度和晶体完整性、成晶难易程度都会受到一定影响。一般沿B面较易生长出位错密度较低的单晶,但这一影响也不是绝对的,如用水平区熔法生长〈111〉GaAs单晶时,沿〈111〉还是$\langle\bar{1}\bar{1}\bar{1}\rangle$方向生长的单晶结构差别就不大。因此,了解晶体结构中极化特征,将对理解Ⅲ-Ⅴ单晶生长及相变机理具有重要的作用,但目前的机制尚需进一步深入研究。④影响晶片加工。由于极性的存在,如果沿极性方向进行加工处理,将使得不同晶面的完整性与对称性受到一定的影响。因此,如果要使用极性面进行加工处理时,必须考虑极性对加工过程的影响,从而保证所制备器件的结构可靠性。

2.3.3 部分重要Ⅲ-Ⅴ族半导体材料的应用

1. 砷化镓(GaAs)

砷化镓作为一种性能优异的窄带半导体,是继硅、锗之后应用最广泛的一种半导体材料之一。砷化镓晶体呈黑灰色,熔点为1238℃,600℃以下能在空气中稳定存在,不易被非氧化性的酸腐蚀。早在1964年,砷化镓作为半导体材料就进入实用化阶段。如用砷化镓制备的半绝缘高阻材料,其电阻率比硅、锗高3个数量级以上,可用来制作集成电路衬底、γ 光子探测器、红外探测器等。砷化镓具有大的电子迁移率,为硅的5~6倍,因此其在微波器件与高速数字电路方面有着重要应用。砷化镓半导体器件具有频率与温度范围广、抗辐射能力强、低噪声等优点,在商业应用(移动电话、直播卫星接收、汽车防撞雷达、无线通信、微波识别系统等)和军事应用(电子战系统、导弹、雷达、星载系统等)中都着广泛的应用。

2. 磷化镓(GaP)

磷化镓作为一种高效发光材料,具有高光电转换效率、低电耗与高亮度等优良特性。此外,对磷化镓进行适当的元素掺杂,可以发出红、绿、黄等不同颜色的光。如掺入锌-氧发红光,掺入氮发绿光。因此,目前磷化镓是制造可见光发光二极管的主要发光材料之一。但是,单晶磷化镓需要在高压单晶炉中拉制而成,工艺复杂,应用发展受到一定的限制。

3. 磷化铟(InP)

磷化铟具有十分优异的半导体特性,其击穿电场、热导率、电子迁移率等均比砷化镓高,而且所制备的InAlAs/InGaAs异质结界面形成较好的量子阱,其有二维电子气密度大与电子迁移率高等优点。因此,磷化铟基半导体器件在一些特殊领域有着非常重要的应用。近年来,InP高迁移率晶体管(HEMT)已成为毫米波高端应用性能优异的低噪声器件。1987年发明后不到几年,工作频率就达到W波段,并具有极低噪声。InP异质结双极晶体管(HBT)在大功率低能耗放大器领域具有广泛的应用前景,尤其在超过40Gb/s光纤通信系统中有着重要的应用。

4. 铝镓氮($Al_xGa_{1-x}N$)

AlN和GaN材料作为第三代半导体材料的代表之一,具有宽的直接带隙、低电子亲和势、高击穿电压、高熔点、高的热导率、化学稳定性好(几乎不被任何酸腐蚀)等性质。基于

GaN 开发的高亮度蓝光 LED 引发了 LED 节能照明的革命，因此日本科学家赤崎勇、天野浩和美籍日裔科学家中村修二等发明的基于 GaN 基的高亮度蓝光 LED 获得了 2010 诺贝尔物理学奖。由于 GaN 与 AlN 晶格常数非常接近，很容易形成合金 $Al_xGa_{1-x}N$ 体系，它们为直接带隙半导体，其带隙可从 3.4eV(GaN)到 6.2eV(AlN)，可实现大范围调制。而以 GaN、AlN、InN 及其三元或四元合金 $Al_xIn_yGa_{1-x-y}N(0\leqslant x\leqslant 1, 0\leqslant y\leqslant 1)$ 构成的Ⅲ族氮化物为直接带隙半导体。通过组分的调节，其合金材料的带隙宽度可以从 InN 的 0.78eV 到 AlN 的 6.25eV 大范围连续可调，其相应的波长涵盖了从红光、蓝光到紫光的整个可见光范围，并可延伸到红外和紫外波段。最为重要的是，大的带隙差值使得人们可以利用 AlGaN 半导体材料制备具有优异特性的量子阱、异质结、超晶格结构，这对于高性能半导体光电器件的进一步发展具有重要的意义。1995 年，Nakam 等通过构造 InGaN/GaN 超晶格结构，成功研制了亮度高、寿命长的可见光 LED 器件，至此，掀起了 GaN 基半导体光电技术研究的热潮。目前，氮化物材料已经被广泛应用于制造短波长光电器件、高电子迁移率晶体管、异质结场效应晶体管等新型器件。

2.4 非晶半导体材料

非晶(amorphous)一词源于希腊语"α＋μορws"，α 为"无"，μορws 为"形态"。"非晶"结构意指"无固定形态"。非晶半导体材料是指结构为非晶而电学或光学性质具有半导体特性的材料。常见的非晶态半导体主要有两大类：①硫系非晶半导体，又称玻璃态半导体。它们是由含硫族元素组成的非晶态半导体，如 As-S、As-Se 等，一般采用熔体冷却或气相沉积等方法制备。②四面体结构非晶态半导体，如含有四面体构型的硅、锗、砷化镓等非晶半导体材料，制备此类非晶材料主要采用薄膜生长的办法获得(如溅射、蒸镀、辉光放电及化学汽相淀积等)。在制备薄膜时，若衬底温度足够低，难以形成晶核，所生长的薄膜一般为非晶结构。不同制备工艺参数将严重影响非晶半导体的光电性能。

非晶 Se(α-Se)是非晶半导体最早应用的材料——作为复印机中的硒鼓。谢弗特(R. M. Schaffert)和奥通(C. D. Oughton)在 1948 年发现作为硒鼓复印的非晶 Se 的光/暗电导率之比可达 $10^3\sim10^5$。在 1950 年，韦默(P. K. Weimer)发现了非晶半导体的光电导效应。硫系非晶半导体研究始于科洛米耶茨(B. T. Kolomiets)，在其早期的研究工作中，主要集中在材料制备方法及其性能的优化探索，如为减小带隙，采用Ⅵ族的 S、Se 和 Te 等硫系元素替换氧化物玻璃中的氧。但效果不是十分明显，因此最初阶段硫系非晶半导体发展缓慢。1968 年，非晶半导体 As-Te-Ge-Si 多元硫系非晶半导体薄膜中的开关与存储效应被奥弗申斯基(S. R. Ovshinsky)发现后，硫系非晶半导体作为新型电子材料得到了广泛重视并在此后得到了迅速发展。1975 年斯皮尔(W. E. Spear)等采用辉光放电法制备了 α-Si∶H 并成功实现了可控的磷、硼替位掺杂，使得其室温电导率的增加十个数量级，成为半导体器件应用的一个里程碑事件，以 α-Si∶H 为代表的四面体结构非晶半导体材料得到了充分的发展与应用。非晶半导体理论也得到了长足的发展，安德森(P. W. Anderson)和莫特(N. F. Mott)建立起非晶态半导体的电子理论，也因此获得了 1977 年度诺贝尔物理学奖。

2.4.1 非晶半导体物理特性

非晶固体结构中的原子排列是短程有序而长程无序的。表 2-12 列出了不同形态材料原子分布的主要特征。图 2-11 为液体、非晶体和晶体的原子排列的二维示意图。

表 2-12　材料各种状态的主要特征

材料状态	热力学稳定性	原子排列		
		短程有序	长程有序	平移对称性
晶体	稳定	是	是	有
准晶体①	亚稳②	是	是③	无
非晶体	非平稳	是	不是	无
液态	稳定	是	不是	无
气态④	稳定	不是	不是	无

① 半导体材料中尚未发现体状准晶体。

② 已发现了热力学上稳定的准晶体。

③ 长程有序基于其自“相似性”(self-similarity)。

④ 不包括电离气体。

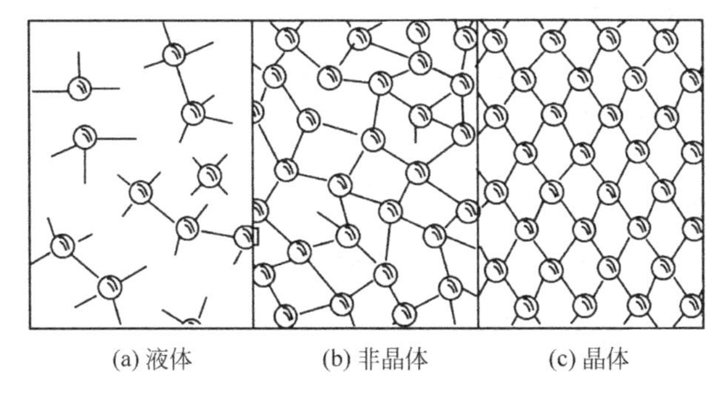

(a) 液体　(b) 非晶体　(c) 晶体

图 2-11　材料中原子排列二维示意图

非晶态半导体与晶态半导体一样,具有导带、价带和禁带等基本的半导体能带结构特征。非晶半导体能带与短程序原子排列方式紧密相关,可用化学键模型进行定性解释。对于四面结构的非晶Ⅳ族硅、锗半导体,原子中 4 个价电子 sp 杂化后与近邻原子的价电子之间形成共价键,其成键态对应于价带,反键态对应于导带。非晶半导体相对于晶体半导体结构,其化学键结合方式基本一致,因此其能带结构也类似,但是,在非晶态中,由于其长程无序作用导致其键角和键长发生畸变,此外,电子也未收到晶体结构中周期势作用,因此非晶半导体中的电子结构与晶体半导体中的电子结构有着本质区别。晶体半导体由于周期有序,其电子波函数为平移对称性的布洛赫函数,电离电子可成为公用电子,电子自由程可大于原子间距。而不具有周期性、长程结构缺陷或畸变将使电子的平均自由程大大减小,若其平均自由程与原子间距接近时,晶体半导体中电子漂移概念将不再适用于非晶半导体。此外,非晶半导体中缺陷将产生大量局域能级,将严重影响非晶半导体的电学与光学性质。如非晶硅中的缺陷主要为空位、微空洞。由于硅原子周围的存在的空位和微空洞将使硅原子共价键配位原子缺乏,从而产生一些悬挂键,这些悬挂键可能成为正电中心或负电中心,从而分别形成施主或受主杂质能级。这些杂质能级的形成将大大影响非晶硅的导电性能。为了消除非晶硅中的缺陷,可采用硅烷辉光放电的方法,在非晶硅掺入大量的氢,与缺陷形成的悬挂键结合，将大大减少缺陷能级的数目，从而减小缺陷态导致的有效复合中心，将提升非平衡载流子的寿命，提高器件性能。因此，非晶硅缺陷态控制也是高质量非晶硅材料制备的关键。

2.4.2 非晶态半导体制备

晶态作为一种稳定的热平衡状态，在生长时，只要保证热力学过程中释放的能量能维持该温度下平衡状态，一般会形成稳定的晶体结构。若温度变化过快，在短时间未能达到其热平衡状态，稳定晶体结构将会遭到破坏，形成非晶结构。因此，制备非晶材料一般采用急冷方法，破坏生长过程的热平衡过程，从而形成非晶结构。如淬火即利用低温气氛急剧冷却某种处于熔融状态的材料来制备非晶材料。在制备过程中，为获得不同冷却速率，冷却环境可由空气、水或油等不同介质实现。大部分非晶半导体块体可由淬火方法制备。对于非晶半导体薄膜，可一般在低温衬底上采用气相方法沉积获得，如溅射法、蒸发法、辉光放电法(GD)、化学气相沉积法(CVD)以及离子束沉积法(ICB)等。

2.4.3 非晶态半导体特性分析

非晶半导体特性分析主要包括结构分析、带隙态测试、光学常数测试、组分分析等。下面简单介绍结构分析和带隙态测试。

2.4.3.1 结构分析

非晶结构原子排列对于非晶半导体物理性能具有重要作用。非晶半导体原子排列为短程有序、长程无序。非晶半导体的短程序是影响其物理性质的关键因素，非晶半导体的结构分析就是确定其短程序。研究非晶半导体短程序的主要方法有 X 射线衍射、核磁共振、中子衍射、电子衍射、与扩展 X 射线衍射吸收精细结构谱等。α-Si∶H 中氢原子空间分布的一种有效分析方法为核磁共振分析。若要确定非晶结构原子相对位置的变化，可采用扩展 X 射线衍射吸收精细结构谱，这种方法对于非晶半导体中掺杂原子分布研究十分有效。对于非晶半导体中的缺陷和微晶鉴别，一般用电子衍射、X 射线衍射、拉曼光谱等方法来区分晶体和非晶体中的微晶形成过程、尺寸及数量。但由于 X 射线透射能力极强，为获得较强的信号，非晶样品厚度需要超过几微米。非晶半导体形貌主要采用扫描电子显微镜和透射电子显微镜进行观察。其中，透射电子显微镜可用来区分晶体和非晶体，并可用来观察非晶结构的均匀性。对于微晶结构的研究，最常用的测试手段是 X 射线衍射和拉曼散射，这两种方法简单易行且对样品没有破坏性，由于 X 射线透射能力极强，为了获得清晰的信号，这种方法要求样品较厚，通常以数微米为宜。

2.4.3.2 带隙态测试

所谓带隙态，是指非晶态半导体带隙中悬挂键等结构缺陷形成的电子态。通过带隙态测试分析，可了解非晶半导体带隙态能量密度分布。测试非晶态半导体带隙态分布的主要方法包括：电子自旋共振、电容法、场效应法、等温瞬态电容谱、深能级瞬态谱、空间电荷限制电流法等。

2.4.4　非晶态半导体的应用

相对于晶体半导体，非晶半导体在应用上具有以下优势：①非晶结构可在任意衬底上(无须考虑晶格匹配等因素)形成薄膜材料，并可以实现柔性化。②容易实现大面积化，而且不受形状与大小的限制。③相对于晶体结构生长条件苛刻，非晶半导体制备工艺简单、造价低廉。④对于薄膜结构，有相对优异的光学和电学性能，其光吸收系数可大于 $10^{-5}cm^{-1}$，可用于制造超薄、超轻器件(100～300nm)。⑤易于实现 P 型和 N 型掺杂。虽然与晶体半导体相比，非晶半导体载流子迁移率很低，但基于以上优势，非晶半导体在诸多领域具有非常重要的应用。

非晶硫系半导体自 20 世纪 50 年代以来已广泛应用在复印技术中；非晶半导体 Te-As-Si-Ge 也已应用在高密度可擦写光存储器件中。非晶硅太阳能电池近年来引起人们的广泛关注，并开始器件应用。非晶硅薄膜太阳能电池组件光电转换效率达到 9%左右，已进入大规模应用阶段。此外，最近已有人把非晶硅场效应晶体管(α-Si：H thin film transistor)用于液晶显示和集成电路，H 作为硅基器件和电路中的钝化膜；非晶 Se-Ge 薄膜可作为高分辨率的无机光刻胶；非晶半导体在波导元件中也有应用。非晶半导体材料主要应用领域如表 2-13 所示。

表 2-13　非晶半导体材料的应用

材　　料	所利用的功能(效应)	应　　用
α-Si：H 及 α-SiGe：H，α-SiC：H 等；Se，Se-Te，Se-Te-As 等	光生伏特效应	太阳电池、光传感器、光敏器件
α-Si：H，μc-Si：H(氢化微晶 Si)	形变感生电导率变化	形变传感器
α-Si：H	场效应，载流子积累和传输	薄膜晶体管(TFT)，电荷耦合器件(CCD)，二维(IC)、三维 IC(2D IC、3D IC)
α-Si：H，α-SiC：H	少子注入控制，电子-空穴注入的发射，复合速率的控制	双极晶体管，发光二极管，二维、三维 IC 等
α-Si：H，Te-Ge-Sb-S，Te-As-Si，Se	对电场和光的非线性响应	雪崩倍增成像管，变阻器，双-注入器件
α-Si：H 及 α-SiGe：H，α-SiC：H，α-SiN：H 等，μc-Si：H，多孔 Si 等	量子效应，"低维"效应；如迁移率增强，温度特性控制等，以及隧穿效应、子能带、载流子分隔和超掺杂等	太阳电池，TFT，磷光体，发光二极管等
α-Si：H 及 α-SiGe：H，α-SiC：H，α-SiN：H 等；Se，Se-Te，Se-As，Se-Te-As	光电导效应	电光成像(摄影)，激光束印刷，光敏器件，辐射探测器
α-Si：H	热电效应，体材料及结中的温差电动势	射频功率传感器
α-Si：H，As-Se，As-S，Ge-S，Ge-Se，Se-As-Ge，Ge-As-S-Se	光照引起电导率、光学参数和化学稳定性变化	光开关，光存储
Se-Te，Ge-Se-Te，Sn-Te-Se，Te-As-Si-Ge	电子辐照、光照、电流引起相变	高密度可擦写光存储，激光束印刷机，电子束存储
Ag/As-Se-Te，Ag/As-Ge	通过光脉冲向非晶层漂移金属原子，引起光学参数变化	成像存储，电阻，印刷
Se，As-Te-Se	受热引起形状变化	不可逆/可逆光存储

非晶半导体具有广阔的应用前景，其具有以下特点：①组分可随意调控。②非晶半导体制备技术发展迅速。③多层多组分容易实现。

非晶半导体未来发展可能包括：①多层超薄器件，例如，多层纵向 α-Si 场效应管、叠层非晶薄膜太阳电池，超晶格薄膜调制器件。②集成化器件，非晶单晶半导体组合器件，如 α-Si/c-Si 异质结双极晶体管、α-Si/c-Si 太阳电池等，可实现器件功能提升与优化。③非晶新材料，如超导材料 $\alpha\text{-}Si_{1-x}Au_x$、亚微米器件布线材料，$\alpha\text{-}Si_{1-x}Ge_x$：B，它们可做成 3D 集成电路及肖特基静电感应场效应管等。

2.5 有机半导体材料

有机固体一般表现出绝缘体特性，但一些特殊的有机化合物具有金属与半导体特性，尤其近年来合成与发现的具有半导体特性的有机固体越来越多。例如，具有半导体性质的酞菁和金属酞菁化合物已合成出 70 多种。有机半导体的性质及应用在 1955 年就由埃利(D. D. Eley)和帕菲特(G. D. Parfitt)进行了探索，他们系统地研究了这些材料的掺杂过程和电学性质及其可能的应用。

有机半导体材料始于 1906 年波切蒂诺(A. Pochettino)研究蒽的光电导。1919 年开始研究有机染料和颜料电导特性。莫特(N. F. Mott)等在 1940 年基于离子晶体导电量子理论，研究了有机与无机复合物的电导，探索制备较高电导率的有机化合物材料。1954 年电导率为 10^{-1}S/cm 的苝与卤素形成的电荷转移复合物被成功制备出。20 世纪 50 年代，一些具有导电性能的有机化合物相继被合成。聚乙炔薄膜在 1974 年由日本化学家白川英树(Hideki Shirakawa)等首次合成，在此基础上，通过掺杂技术，在 1977 年与美国化学家马克迪尔米德(M. MacDiarmid)和物理学家黑格(A. J. Heeger)等，成功制备出具有良好导电性能(电导率 10^{-3}～10^{-5}S/cm)的聚乙炔。基于有机半导体合成与探索，这三位科学家获得了 2000 年诺贝尔化学奖，并引发了有机半导体的研究热潮。以下是有机半导体发展史的一些重要进展，1987 年，美国柯达公司唐(C. W. Tang)等首次研制成功基于有机小分子发光二极管。1990 年，英国剑桥大学卡文迪许实验室的伯勒斯(J. H. Burroughes)等发明了高分子有机发光二极管。此后，有机发光二极管(OLED)在世界范围内开始进入研发与器件应用高潮。1995 年，黑格研发出一种采用铝电极的新型聚合物发光器件(light emitting electrochemical cell，LEC)，其工作电压低至 3V。如今，基于 OLED 技术的彩色显示屏已进入实用阶段，已被大量的应用到手机显示屏与一些柔性显示器。有机半导体技术及器件应用的不断深入发展，已引起世界半导体科技界与产业界的高度关注与重视，由于其具备的独特、新颖的特性在半导体器件应用中独具特色，将具有广阔的应用前景与无限的发展潜力。

2.5.1 有机半导体材料的基本性质

有机半导体材料室温电导率范围为 10^{-9}～10^{5}S/cm(电阻率在 10^{-5}～$10^{9}\Omega\cdot$cm)。图 2-12 给出了一些代表性有机半导体材料与部分典型无机半导体材料及金属室温电导率的对比情况。有机半导体和无机半导体一些典型特征比较如表 2-14 所示。

表 2-14　有机半导体和无机半导体的特征比较

	无机半导体	有机半导体
结构特性	一般以周期晶体晶格为基础	基于分子内共轭 π 电子键的非晶结构为基础
材料结合力	共价键和离子键为主	以分子间范德瓦尔斯力为主
能带结构	具有良好的能带结构，载流子输运主要表现为在能带中自由载流子运动形式	无完整的能带结构，只有最高占据能级(HOMO)和最低占据能级(LUMO)，载流子输运主要以分子间跳跃(HOPPING)的形式来运动
异质结器件	制作成异质器件结构时，需要较好的晶格匹配	大部分结构为非晶态，无晶格失配问题，异质结器件很容易制作
界面势垒	界面势垒主要由界面附近的导带、价带、带隙及其载流子浓度来决定	界面势垒主要由功函数、HOMO 和 LUMO 相互关系来决定
载流子输运	可通过掺杂来改变导电载流子的类型，如 P 型或 N 型以及载流子的浓度	大部分小分子有机发光材料都是绝缘体，其载流子都是靠电极注入
迁移率	迁移率高，一般在 $10 \sim 10^4 cm/(V \cdot s)$	迁移率低，一般在 $1 \sim 10^{-5} cm/(V \cdot s)$之间
发光原理	一般通过带间跃迁实现发光，发光效率较高	发光来源与从激发态到基态跃迁，受电子自旋选择定则的约束，有单重态和三重态之分，前者占25%发光效率高，后者占75%
理论基础	无机半导体理论发展很成熟	理论不完备，一些机制尚需进一步深入
发展历程	从单晶发展到非晶	从非晶发展到单晶
器件材料	可选用的材料有限	材料品种丰富
制备工艺	工艺复杂，材料与器件处理大多需要高温，设备成本高	工艺相对简单，可采用真空蒸镀甚至旋涂印刷的方法制备器件
器件面积	受单晶尺寸的限制	容易实现大面积
柔性器件	很难实现柔性器件	能实现柔性器件
器件极限尺寸	当器件尺度小到纳米量级时，量子尺度效应显现，可能使得电子器件失效	器件尺度可小到分子尺度，较容易实现分子器件

有机半导体晶体材料是一种分子型晶体材料，其分子特性决定半导体特性。有机分子半导体由于不具有三维晶体点阵，不同有机半导体的分子内和分子间的相互作用、局域结构无序及非晶和结晶区域都不相同，因此，相对于单晶或非晶无机半导体，有机半导体的能带结构更加复杂，具有一些新的规律与现象，如激子的形成和扩散等。

图 2-13 给出了一些常用有机半导体材料的分子结构式。(a)为酞菁，(b)为 5，10，15，20-四苯基卟啉，(c)为部花青染料，(d)为喹吖啶酮颜料，(e)为 3，4，9，10-苝四羧酸二酐(PTCDA)，它们是 P 型材料，(f)为苝-3，4，9，10-四羧酸二酰亚胺衍生物，(g)为 5，10，15，20-(4-吡啶基)卟啉，(h)为吡喃鎓染料以及聚乙炔和聚吡咯等聚合物，它们是 N 型材料。

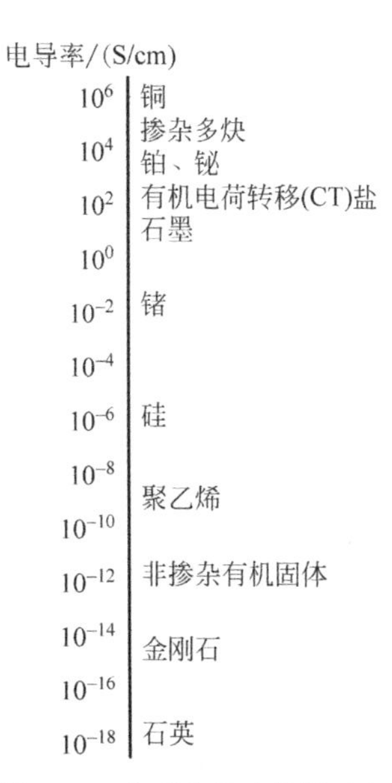

图 2-12　典型有机半导体及相关材料的室温电导率

2.5.2　有机半导体材料的分类

基于分子组成有机半导体材料可分为三类：①单分

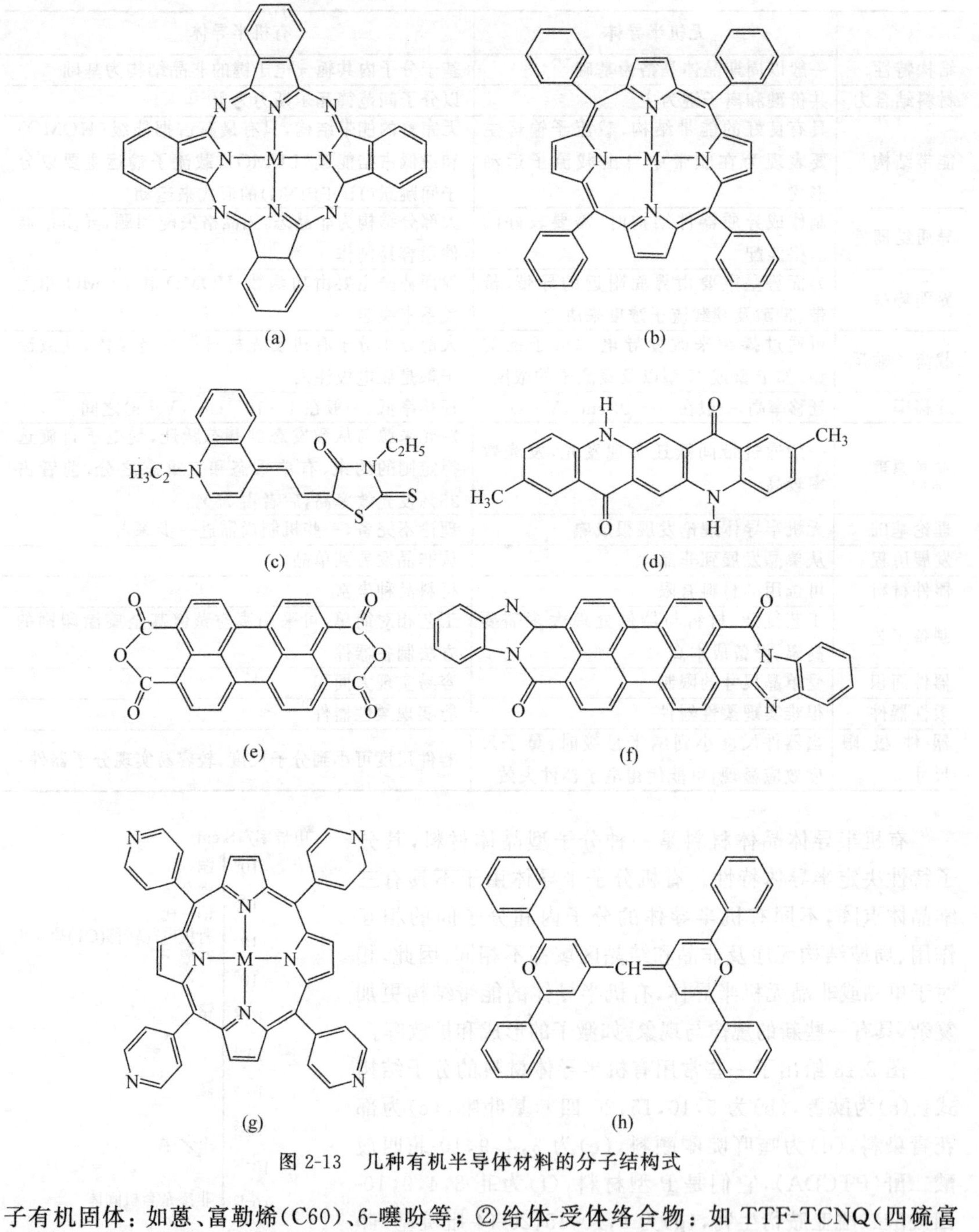

图 2-13　几种有机半导体材料的分子结构式

子有机固体：如蒽、富勒烯(C60)、6-噻吩等；②给体-受体络合物：如 TTF-TCNQ(四硫富瓦烯-7,7,8,8-四氧代二甲基苯醌)，TMPD(四甲基对苯二胺)-TCNQ 等；③(共轭)聚合物，如聚苯胺、聚噻吩、聚硅烷等。

基于分子构型可分为三类：①有机高分子半导体材料；②有机小分子半导体材料；③有机晶体半导体材料。

2.5.2.1 有机高分子半导体材料

由单体聚合而成的有较大分子质量的高分子材料，一般具有良好的绝缘性。但是对于某些具有特殊结构的高分子材料，通过掺杂产生可自由移动的载流子，实现导电性能，其电导率的大小一般取决于掺杂量的多少。这种高分子材料具有典型的半导体特性，因此称为有机高分子材料。

高分子半导体材料的导电性来源于其特殊分子结构，其包括一些非局域π^-电子的共轭导电结构，这个结构在高分子分子链中存在着非局域电子特征，可形成导电的导带。在有机高分子半导体中，其载流子形式与无机半导体不一样，其载流子有孤子、极化子与激子等导电结构。孤子来源于共轭结构的节点上，一般位于带隙中分立能级。两个耦合孤子在电场作用下形成可运动的电极化子。正负极化子的复合体形成激子。孤子、极化子与激子在杂质或电注入后产生电子与空穴，改变其电导率。此外，共轭高分子的分子链间的载流子输运是通过跃迁来实现的，因此其迁移率一般较低。常用的有机高分子半导体掺杂剂包括过渡元素阳离子(三价铁或四价锑阳离子)、卤素(碘、溴)、有机氧化剂(四氯醌)和碱金属(钠、钾)。由于有机高分子半导体特殊的导电结构，与无机半导体相比，具有一些独特的性质：

(1) 普通无机半导体的掺杂一般是杂质元素替位本体材料原子，通过掺杂提升电导率；而有机高分子半导体的掺杂是一种氧化-还原化学反应过程，采用氧化剂或还原剂将电子注入(掺杂)或抽出(脱杂)高分子链，掺杂过程是完全可逆的，掺入浓度可以达到很高，一般远高于无机半导体材料的掺杂量。

(2) 在无机半导体材料中，在低掺杂的情况，其电导率一般与掺杂浓度成正比关系。而对于有机高分子半导体中，其电导率随着杂质浓度提高非线性地增加，在高掺杂浓度下达到饱和。图 2-14 为聚乙炔的电导率随碘掺杂摩尔分数的变化曲线图。

(3) 有机高分子半导体具有较宽的电导率范围。典型的有机高分子半导体的电导率为$10^{-4}\sim10^{7}$ S/m，高导电率的有机高分子半导体接近于金属(铜为 1.1×10^{7} S/m)，低电导率的高分子半导体与普通无机半导体材料电导率相近(如低掺杂硅电导率为$10^{-2}\sim1$S/m)。

典型的高分子半导体材料大都为以共轭双键为主键的高分子聚合物，如聚乙炔(PA)、聚噻吩(PTP)、聚吡咯(PPY)、聚苯乙炔(PPV)和聚苯胺(PAn)等，如表 2-15 所示。基于这些聚合物一般具有较低的离子化势能，通过掺杂可显著提升其电导率。掺杂共轭双键的 π 电子系统所形成的孤子(soliton)、极化子(polaron)、双极化子(bipolwron)与激子等载流子，将以自由基、离子自由基或双离子形式存在。高分子半导体材料的掺杂和脱掺杂一般具有可逆性，伴随着氧化与还原过程相互转变。此外聚合物结构突变或改善，会导致其物化性能的提升，从而获得一些奇特的性能，如金属状导电性、电化学特征、发光特性、三阶非线性光学效应、磁学性能等。

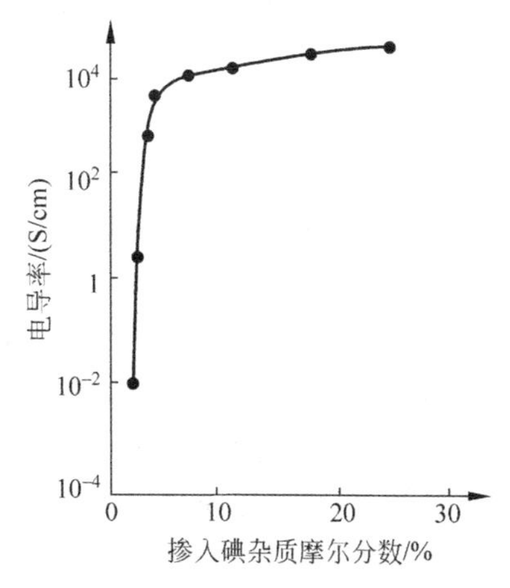

图 2-14 聚乙炔的电导率随碘掺杂摩尔分数的变化曲线

表 2-15 典型的高分子半导体材料

名称	发现年份	结构	最高室温电导率/(S/cm)
聚乙炔	1977	n	10^3
聚吡咯	1978	N, H, n	10^3
聚噻吩	1981	S, n	10^3
聚苯撑	1979	n	10^3
聚苯乙炔	1980	CH=CH, n	10^3
聚苯胺	1980	H, N^+, A^-, H, N, H, N^+, A^-, H, N, n	10^3

2.5.2.2 有机小分子半导体材料

以下介绍一些典型的有机小分子半导体材料。

1. 酞菁

酞菁(phthalocyanine,Pc)为二维平面大环共轭分子,具有 18-π 电子芳香结构,环中心的两个氢原子(无金属酞菁)能被其他化学元素取代(金属酞菁),酞菁分子外围接着 4 个苯环上与 16 个氢原子,其很容易被其他基团取代生成金属酞菁(图 2-15)。基团取代的酞菁分为对称酞菁(苯环上的氢原子被相同的基团取代)和不对称酞菁(苯环上的氢原子被不同的基因取代)。酞菁还包括多核酞菁以及双层和三层结构酞菁等。酞菁化合物种类繁多,具有高的化学稳定性(即使在空气中加热到 400~500℃也很难发生分解),基于酞菁多样化的结构与优异的化学特性,无论是基础研究还是应用研究,都引起了人们的广泛关注与重视。

最初酞菁作为彩色染料在印刷、汽车油漆、墨水和纤维纸张等方面有着广泛的应用。随着研究的深入,新的酞菁化合物不断发现与合成,并在光电领域方面得到广泛的应用。目前,酞菁已成为有机光电子功能材料器件应用的佼佼者,它已在静电复印、激光打印、高密度可读写光盘与信息存储等领域有着大量的应用。此外研究也发现,在有机发光二极管、场效应晶体管、传感器等领域,酞菁也展示了诱人的应用前景。近来,酞菁还发现在非线性光学、含硫化合物的催化控制、肿瘤的光动力治疗、能量转换的光伏电池、燃料电池的光催化剂、液晶彩色显示等方面具有广阔的应用前景。

2. 苝有机半导体材料

苝(perylene)为 3,4,9,10-四甲酸的衍生物,属稠环化合物,一般存在于煤焦油中。其

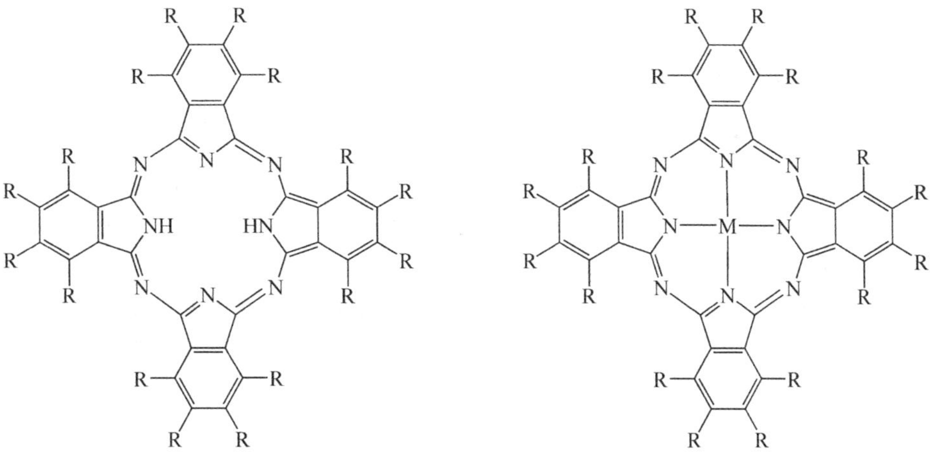

(a) 无金属酞菁

(b) 金属酞菁

图 2-15 无金属酞菁和金属酞菁结构

结构式为 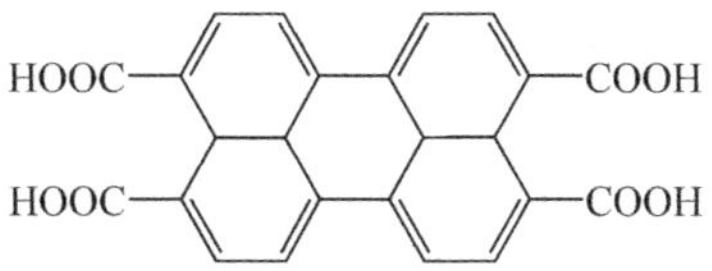 。这种结构具有很好的分子平面性和较好的刚性，还具有特殊光学性能与很高的化学稳定性。它有着较悠久的应用历史，从 1913 年起就在还原染料中使用。苝作为有机半导体材料研究历史不长，但取得了长足的进步。

1）苝纳米微晶材料

苝纳米微晶随着粒径变化，其结晶形态会发生较显著的变化。随着微晶粒径增大，其结构可以从非晶态逐步形成结晶态。

苝纳米微晶具有可见光谱特性。其三个光吸收峰分别位于 484nm、440nm 和 397nm 附近，对应苝分子基态到第一激发态的电子跃迁过程及晶体中分子相互作用过程。此外，在溶液中，其吸收峰会发生红移现象。

2）苝四羧酸系有机光电材料

苝四羧酸系有机化合物主要通过 3，4，9，10-苝四羧酸酐和不同的脂肪胺或芳香胺等胺类化合物缩合反应制备。其可见光谱峰一般位于 450～600nm 范围内。苝四羧酸系化合物都含有特殊的稠环结构的苝酐母体，其大的共轭 π 电子体系使得其有良好的荧光特性，在光电器件方面具有良好的应用前景，包括电子照相材料、有机光信息记录材料、彩色液晶材料、太阳能转换材料以及有机光电分子器件等领域。

3）8-羟基喹啉铝有机半导体材料

图 2-16 为 8-羟基喹啉铝（Alq_3）的结构，其具有良好的热稳定特性，容易成膜，具有良好的发光特性与电子传输特性，已被广泛地应用在有机电致发光器件中。8-羟基喹啉铝作为发光材料使用，需具有高纯度（大于 95%），因此需要进一步通过柱色谱或升华方法进行提纯，但成本较高。因此，大批量工业生长合成高纯度 8-羟基喹啉铝一般采用优化工艺参数，调整反应酸度和反应时

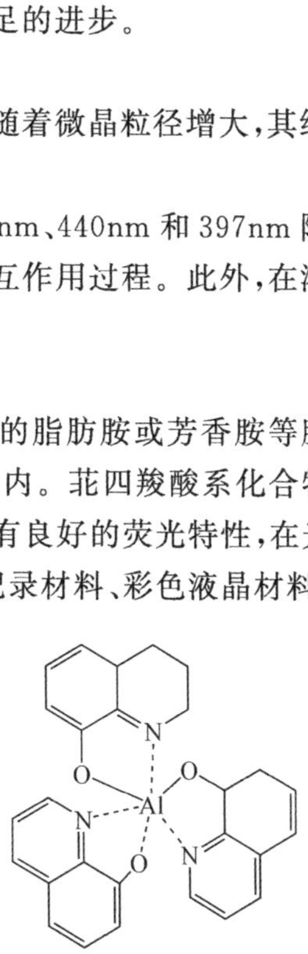

图 2-16 Alq_3 的分子结构

间来实现。

2.5.2.3 有机晶体半导体材料

1. 并三苯(anthracene)

并三苯分子式为 $C_{14}H_{10}$，又名蒽，其结构式为 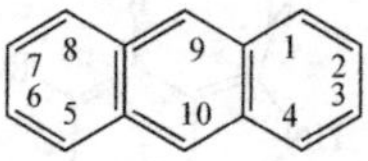 ，为淡蓝色荧光的白色晶片。其相对水的密度为 1.25(27℃)，熔点为 217℃，沸点为 342℃，不溶于水，难溶于乙醇和乙醚，易溶于热苯。并三苯一般从煤焦油的蒽油中提取获得，是制备蒽醌和染料的主要原料等。并三苯结构中含有共轭 π 键结构，可为载流子输运提供分子轨道；其 π 键的重叠轴向有利于载流子的传输，也具有良好的光致发光特性和半导体特性。

有机场效应晶体管可采用并三苯作为有源层、环氧树脂作为绝缘介质，通过旋涂和蒸镀等方法制备。所制备的器件的电子迁移率为 $5.76\times10^{-2}cm^2/(V\cdot s)$，跨导为 0.96μS，并具有良好的输运特性曲线。

2. 并四苯及其衍生物

并四苯(naphthacene)又称萘并萘和丁省，属于共轭双键小分子化合物，其结构式为

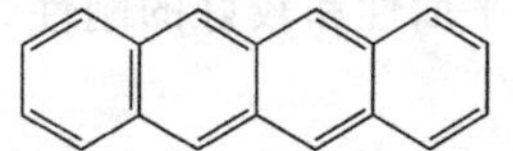

，常从煤焦油中制取，一般用作染料。它的共轭双键结构使其具有半导体特性。近年来，人们发现其衍生物在光电子器件和光开关中具有良好的应用前景。

其中，苯氧基并四苯二醌类具有良好的光致变色特性，其具有良好的耐疲劳性、在室温下热消色反应小等特性。此外，该类材料在紫外辐照下的状态可通过在氨气气氛进行固化。5-苯氧基-6，11-并四苯二醌(图 2-17)的衍生物主要有 A、B 型两类，其中 A 型衍生物的取代基 R 在苯氧基上，B 型衍生物的 R 在并四苯二醌的 12 位上，不同的取代基，导致其具有不同的光致变色特性，如 A 型衍生物具有良好的光致变色性，而 B 型衍生物光致变色性特性非常差。

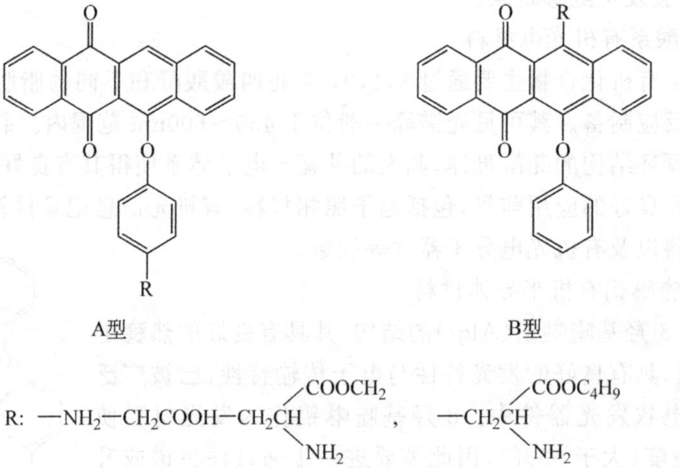

A型　　B型

R: $—NH_2—CH_2COOH—CH_2CH(COOCH_2)(NH_2)$，$—CH_2CH(COOC_4H_9)(NH_2)$

图 2-17　5-苯氧基-6，11-并四苯二醌的衍生物结构示意图

3. 并五苯

并五苯(pentacene)又名戊省,其结构式为 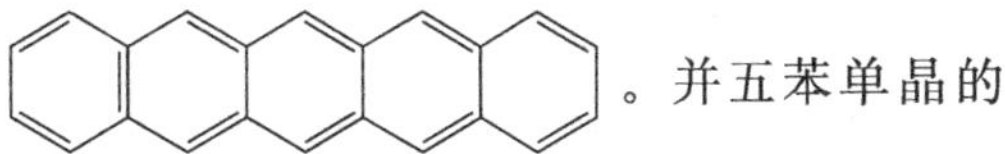。并五苯单晶的空间点群为 $P1(C_i^1)$,为三斜晶系,晶格常数为 $a=7.90$Å、$b=6.06$Å、$c=16.01$Å,晶轴夹角分别为 $\alpha=101.9°$、$\beta=112.6°$、$\gamma=85.8°$,纳米沿(001)方向晶面间距为 14.5Å。并五苯可从煤焦油中制取的,一般用作染料。并五苯也具有较好的半导体特性,可用于制作有机场效应晶体管。所制备的场效应晶体管,其载流子迁移率可达到 $1.5cm^2/(V \cdot s)$,开关电流比可达 10^8,可与无机场效应管相媲美。为获得良好性能场效应晶体,制备出具有良好的晶体结构的并五苯薄膜是关键。

2.5.3 有机半导体材料的应用

有机半导体器件制备相对于无机半导体器件制备,具有以下优势与特点:①由于有机分子晶体分子间作用主要为范德瓦尔斯力,外界环境对有机分子晶体的影响较小,器件制备无须苛刻超净环境。②器件制备工艺简单,器件可采用一些简单的 LB 膜技术、甩膜法(spin coating)、浸涂法、气相输运法、分子自组装技术等方法制备,无须无机半导体材料与器件制备使用的昂贵设备与复杂工序。③易于制备柔性大面积器件。④器件制备加工与改性可采用简单的电子束或离子束辐照原位处理。⑤很容易实现各种异质或复合纳米器件结构,如较易制作有机/有机材料、有机/无机材料异质结以及超晶格、量子阱结构。但是,有机半导体器件性能尚难与无机半导体器件相媲美。但部分有机半导体材料和器件近年来取得了很大进展,如全色平板显示用有机发光二极管(OLED)、有机薄膜晶体管(有机场效应晶体管,OFET)等器件有逐渐取代(或与之平分秋色)相应无机半导体器件的趋势。

当前,有机半导体材料主要应用于以下领域:

(1) 光盘。DVD 光盘通常以花菁(显蓝绿色)及酞菁(显金黄色)作为数字信息的载体。在激光照射下,有机半导体材料会改变分子构型,实现 0 和 1 的记录。

(2) 有机发光二极管(OLED)。OLED 基于有机半导体异质结,利用电子和空穴在异质结处复合发光。OLED 可实现大面积柔性彩色显示器。OLED 具有低压直流驱动、高亮度(可达几千 cd/m^2)、较高发光效率($>10lm/W$)、寿命较长(10^4h 以上)、响应速度快($<1\mu s$)、小型化等特点,全(多)色 OLED,可用于显示与领域等。当前,OLED 在一些高端显示器、手机屏等领域已有广泛应用。OLED 材料包括有机小分子和高分子聚合物材料,聚合物 LED 也称为 PLED。

(3) 太阳电池。太阳电池是有机半导体材料应用研究得较早的领域。我们知道,采用单晶硅和多晶硅材料的称为第一代硅基太阳电池。采用砷化镓、铜铟镓锡和碲化镉等化合物材料的称为第二代化合物薄膜太阳电池。在第三代太阳电池中,有机太阳电池和染料敏化太阳电池成为大家重点关注与研究的对象,尤其近几年发展起来的基于钙钛矿结构有机太阳能电池由于其非常高的光电转换效率,引起了人们极大的兴趣与热情。有机太阳电池主要优点包括生产工艺简单、成本低廉、环境污染小等。与第一代、第二代太阳电池相比,有机太阳电池最大优势在于其更轻、更薄,便于携带,可应用于一些微型器件的供电电源。有机太阳能材料要在可见光范围内有良好的化学稳定和高的光学吸收系数,因此,常用的有机太阳电池材料包括某些分子染料如部酞菁、花青、二酞菁,以及某些聚合物(如聚乙炔和聚噻吩)的衍生物。

(4) 有机场效应晶体管(OFET)。OFET 的研究始于 20 世纪 80 年代,近年来取得了很大进展,其场效应迁移率和开/关电流比分别由 $10^{-5}cm^2/(V\cdot s)$与 102 提高到 $15.5cm^2/(V\cdot s)$与 108。OFET 的结构一般基于 MISFET(金属-绝缘体-半导体场效应晶体管)结构。OFET 可应用于一些显示驱动电路与低成本电子器件,如智能卡识别与数据存储等。2000 年以来,基于全聚合物 FET 的集成电路也开始应用与发展;OFET 器件制作技术主要包括真空蒸镀、溶液铸模或有机单晶材料转移等。

(5) 射频识别标签、有机传感器及集成智能系统。射频识别(RFID)在将来物联网中具有广泛的应用前景。基于低成本有机 RFID 标签技术将会大大促进物联网技术的应用与发展。有机 RFID 标签的成本有望降至 0.01～0.02 美元,将为 RFID 广泛应用奠定坚实的技术基础。由于有机 RFID 市场潜力巨大,引发了全球范围内研究热情与兴趣,如 OrganicID、IBM、PolyIC 和 IMEC 等加大投入力度进行研究。

近年来,基于微芯片上的传感集成系统开发引起了人们极大兴趣,催生了"芯片实验室"(lab-on-a-chip)。利用这种集成系统,可以实现生物与化学领域中的样品制备、分离、检测、分析等基本操作集成于几平方厘米的芯片上,为便携、快速的医疗和环境监测等提供了一种全新的手段与理念,并尽可能降低了检测测试分析的成本。基于芯片实验室微系统衬底材料,包括聚甲基丙烯酸甲酯(PMMA)、聚二甲基硅氧烷(PDMS)等。如今一些有机传感器集成系统开始走向应用,如集成化学、温度和压力传感器、电子鼻、电子舌、光扫描仪以及盲人专用的电子布莱叶传感器等。

此外,集成智能系统(ISS)将多种完全不同的功能集成在一块芯片上,将开辟诸多全新的应用领域,如远程诊断系统、全方位传感器、智能光源与光系统和智能包装等。

(6) 有机半导体激光器。采用固态共轭聚合物(PPV)及其衍生物,在 1996 年成功实现了光泵浦受激发射,当前已在 Alq_3、TPD 等许多有机半导体材料中观察到光泵浦受激辐射。

(7) 电光调制器。具有电光效应的聚合物所制备出的方向耦合器、Mach-Zehnder 调制器等,可与硅基器件集成,与石英光纤具有较好的折射率匹配,可很好地降低波导损耗。

(8) 光开关。聚合物具有较大的热光系数和较小的热导率,吸收损耗低,其器件开关的热损耗仅为硅基器件的 1%,可作为较理想的热光开关材料。此外,在 2,9,16,23-四氨基氧钒酞菁掺杂的聚苯乙烯波导薄膜上发现其具有超快光学双稳开关特性。

(9) 高灵敏度感光体,聚乙烯咔唑/三硝基芴铜、酞菁及偶氮类材料等能作为高灵敏度的光导材料,可用于复印机的感光体。世界上复印机中大部分感光体采用有机半导体(光导)材料。

(10) 二极管,具有整流效应的二极管可由有机半导体与金属形成的肖特基结、有机半导体/无机半导体异质结等制成。如 Cu/TCNQ/Ag、Ag/α-6T/Au,金属/PTCDA(3,4,9,10-苝四羧基二酐)/p-Si 等异质结都可制作具有良好性能的二极管。

(11) 其他应用,如酞菁(Pc)及其化合物 MPc(M 为金属、H_2、Si 等)可用于制备非线性光学、气体传感、电致变色等器件。采用 CuPc(与 NTCDA)能制备出具有良好光电性能的有机超晶格(OSL)器件。TTF-X,TTT(四硫并四苯)-X(X 为卤素)可用于制备高分率的光刻胶。

近年来,有机半导体材料与器件研究取得了巨大的进展,可以相信,在有机薄膜器件、有机太阳能及有机传感器等相关技术领域将会取得更大的进展与突破。

第3章
半导体材料的制备与工艺

3.1 半导体单晶的制备方法

半导体电子器件和光电子器件的制造大都需要单晶体材料，且其性能往往与单晶的纯度、均匀性及周期完整性紧密相关。因此，半导体单晶的制备对于半导体器件具有重要影响。半导体单晶体制备主要包括两个关键工艺过程：单晶提纯和单晶生长。在此基础上，进一步整形、切片、磨片倒角、刻蚀、抛光、清洗、检测等制成半导体器件用晶片。

3.1.1 单晶提纯

1. 纯度定义

如何定义单晶体纯度尚未有统一的方法。纯度一般可采用如下方式来确定：

$$P=\left(1-\sum X_i\right)\times 100\%$$

式中：X_i 为各杂质原子所占总原子数的比例，所获得的百分数结果通常简化 n 个 9 来表示，由于 9 的英文是 nine，可简称为 N。如某半导体的纯度 99.99965%，一般称 5 个“9”或 5N 纯度。但这种方法存在着较大的测试缺陷，需要确定半导体中的所有杂质元素，这对于某些半导体而言，技术难度大，若漏掉一个高杂质含量的元素，其获得杂质纯度将有较大的偏差。因此，为更加准确地了解单晶材料的纯度，也辅助采用其他方法。例如剩余电阻率法，其表达式为

$$\mathrm{RRR}=\rho_{300}/\rho_{4.2}$$

式中：ρ_{300} 为 300K 的电阻率；$\rho_{4.2}$ 为 4.2K 液氦温度下的电阻率。该数值可以表征材料的纯度特性，但却不能确定材料中的杂质含量特性。因此在为综合表征材料的纯度特性，可采用给出几个参数指标，如给出纯度几个“9”，同时列出其 RRR 值。

提纯材料的方法主要有两大类——目的提纯与整体提纯。对于目的

提纯主要是控制晶体材料中某种杂质的浓度低于某个数值,达到特定性能的需求。而整体提纯就是尽量减少晶体材料中所有杂质的含量。核工业应用中的石墨中除硼、金属锆中除铪采用目的提纯,而多晶硅一般采用整体提纯。

2. 提纯方法

半导体晶体材料提纯主要有化学提纯与物理提纯两大类方法。化学提纯主要有电解法、化合物精馏法、络合物法、萃取法等;物理提纯主要有直拉单晶法、真空蒸发法、区熔法等。表 3-1 为半导体晶体材料提纯的一些主要方法、特征及应用材料。从表中可知,由于半导体材料中结构特性、杂质元素及类型皆不相同,因此提纯方法原理与工艺流程是千差万别的。为了获取高纯度的半导体晶体材料,往往需要结合两种以上的方法获得。如在锗晶体提纯中,先采用萃取或精馏方法整体提纯到 6N 以上纯度,再采用区熔法进一步去除杂质砷,进一步提升锗的纯度。

表 3-1 半导体主要提纯方法的原理与应用

提纯方法	提纯原理	影响因素	应用材料
电解法	化学电位差	电解液纯度 阳极泥污染 阴极泥污染	Ga,In,Al 等
萃取法	化合物在两液相间的分配	萃取剂污染 化学过程污染	$GeCl_4$,$GaCl_3$ 等
精馏法	利用蒸气压差多次冷凝与蒸发	蒸气压相近杂质 杂质相互作用 容器污染	$GeCl_4$,$SiHCl_3$,SiH_4,$AsCl_3$ 等
络合物法	形成络合物以改变原有的性质	络合剂纯度	$SiHCl_3$ 等
真空蒸发法	蒸气压差	高沸点杂质 容器污染 真空系统污染	Ga,As,Se 等
区熔法	固-液相多次分凝	高起始浓度 分凝系数接近 1 表面膜对杂质吸附 容器污染	Ge,Si,Sn,Sb,Al 等
直拉单晶法	固-液相一次分凝,晶界间杂质的排除	高起始浓度 分凝系数接近 1 容器污染 加热器污染	Ga,In 等

对于高纯半导体材料提纯,材料及化学环境污染是影响其提纯的关键因素。主要污染包括提纯容器、反应试剂、大气环境、操作污染等。为尽量减少提纯污染,可采用以下措施:选择难以污染的容器材质、采用高纯试剂与超纯气体、在超净间环境下工作、操作人员采用防污染措施等。工艺流程中注意工序设计,按照污染小的工序尽量设计在最后环节的原则。

基于以上原则,在工艺流程选择上,一般先化学提纯,后物理提纯。化学提纯的污染较多,可以从较低纯度开始。物理提纯通常基于高纯度材料,制备环境基本无污染源。

以下将以硅的氯还原法提纯为例来介绍晶体硅的工艺流程(其设备原理见图 3-1)。硅的熔点高(1420℃),高温下硅的化学性质非常活泼,为了防止高温硅与容器反应,往往选择制备其化合物后再进一步提纯,对于硅而言,氯化物是个好的选择。氯化物常温下液体(熔点−126.5℃,沸点 31.8℃),挥发温度低,适合于萃取或精馏。硅提纯的主要步骤如下:

(1) 硅粉氯化过程:$Si+3HCl \xrightarrow{350℃} SiHCl_3+H_2$。

(2) 基于粗 $SiHCl_3$ 液体精馏提纯得高纯 $SiHCl_3$。

(3) 高纯氢还原高纯硅,其反应方程为 $SiHCl_3+H_2 \xrightarrow{1050\sim1150℃} Si+3HCl$。

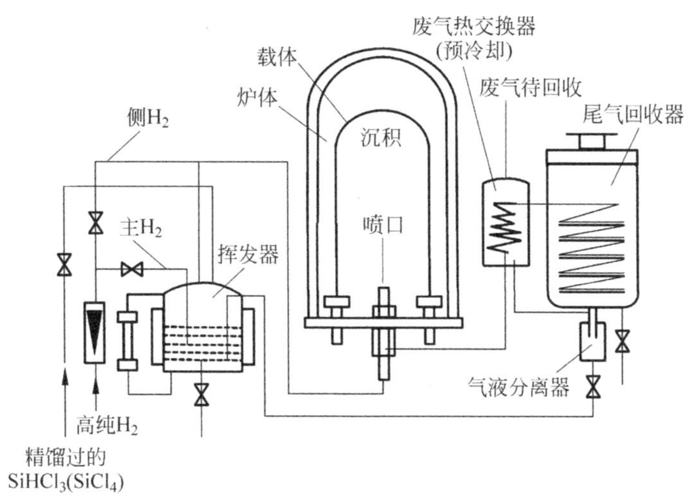

图 3-1 $SiHCl_3$ 氯还原法制备高纯硅

物理提纯主要基于分凝或偏析原理,利用杂质在结晶的固体和未结晶液体浓度不同的现象,通过半导体与其杂质在晶态熔融状态再结晶过程分离杂质获得提纯效果。基于分凝进行提纯的物理方法主要包括直拉法、定向结晶法、区熔法,其原理如图 3-2 所示。

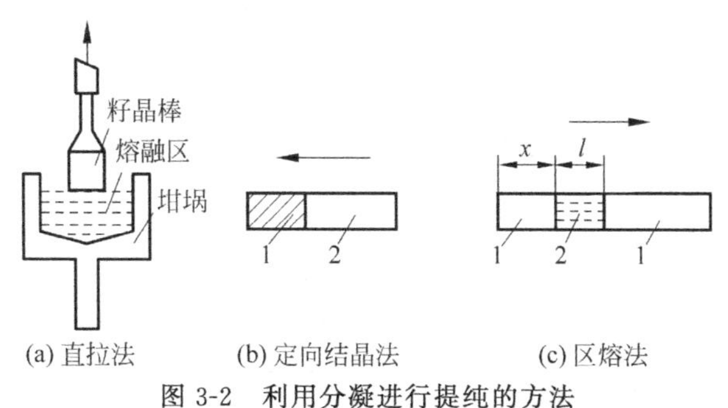

图 3-2 利用分凝进行提纯的方法

1—熔融区;2—晶棒区;x—已区熔长度;l—熔融区长度

①直拉法:先将半导体原料在坩埚中熔化,然后放入籽晶,使籽晶与熔体相熔接,通过控制其温度梯度,使熔体沿籽晶方向结晶凝固生长,同时籽晶杆向上提拉,并使坩埚与籽晶向相反方向旋转,并通过搅拌保证加热与冷却的均匀性。②定向结晶法:先将原料在坩埚中熔化,然后从一端开始逐渐凝固结晶生长。③区熔法:利用温度控制,先熔化半导体棒料的一端区域,并通过工艺参数调控使熔区另一端移动结晶生长。该方法可以通过熔区端反复移动结晶生长,达到多次提纯的目的。

3.1.2 单晶生长

高质量单晶生长对于半导体材料制备及其器件应用具有非常重要的作用。因为单晶的取向、晶体完整性(晶体缺陷的种类、密度、分布)、掺杂的浓度及其均匀性等决定了半导体器件的性能。

半导体单晶生长方法的分类如图 3-3 所示。

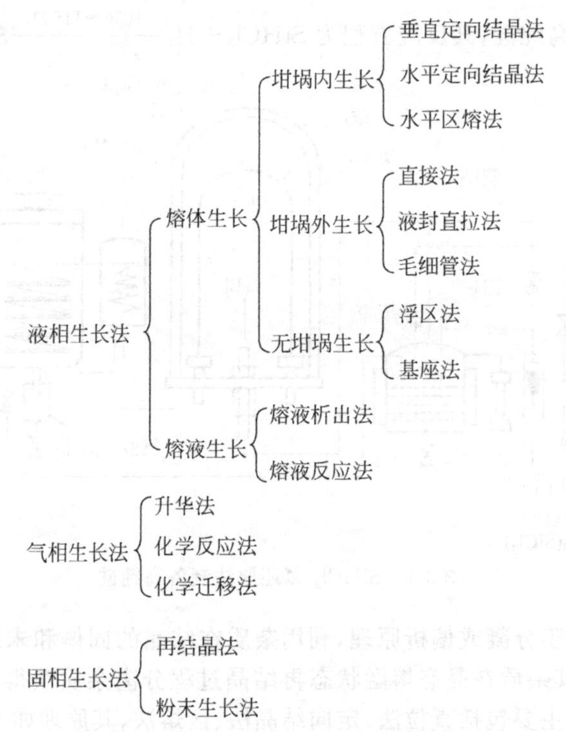

图 3-3 半导体单晶生长方法的分类

半导体单晶生长方法的主要特点及其典型材料如表 3-2 所示。

表 3-2 各种单晶生长方法的主要特点与应用

方 法	优 点	缺 点	应用举例
垂直定向结晶法 (垂直布里吉曼法)	温度梯度可控 气氛可控 晶体界面呈圆形	生长情况难以观察 晶体与坩埚的脱离不方便	CdTe,GaAs
水平定向结晶法 (水平布里吉曼法)	温度梯度可控 气氛可控,易观察 合成与单晶制备可在同一设备内进行	生长晶体截面非圆形 晶向不易选择	GaAs,InAs
水平区熔法 (区域匀平法)	杂质沿生长方向分布均匀 易于观察	难以控制温度梯度 晶体截面非圆形 生长容器易对熔体造成污染 晶向选择性小	Ge,GaAs

续表

方　法	优　点	缺　点	应用举例
直拉法 (乔赫拉斯基法)	便于观察与控制晶体生长 晶向选择性较多 易获得大直径单晶	坩埚与加热系统易污染 难以生长易挥发性单晶	Ge,Si,InSb,GaSb
液封直拉法	压力可控 能生长易挥发性单晶 易实现原位观察 能获得大直径单晶 晶向选择性较多	温度梯度较难控制	GaAs,GaP,InP PbTe,GaSb,InAs
浮区法 (悬浮区熔法)	单晶纯度高 杂质的纵向分布较均匀	大直径单晶生长困难 杂质的径向分布不均匀	Si
毛细管法	可直接生长片状晶体	坩埚及模较易污染	Si(仅用于较低纯度的太阳电池)
气相生长法	容易制备分解压高的单晶 生长温度低	难获大单晶 晶体取向难控制 缺陷多	CdS,CdSe
固体生长法	能制备较复杂成分单晶	生长速度慢,难控制	HgCdTe

以下介绍几种典型的半导体单晶生长方法。

1. *直拉法*

单晶直拉生长法于1917年由乔赫拉斯基(Cochralski)首先提出,因此又称CZ法(Cochralski method)。目前被广泛使用的半导体单晶硅材料大都是采用直拉法生长的。此外,一些重要的半导体如Ge、InSb及GaSb等单晶也是采用直拉法生长的。直拉法的基本原理是采用单晶籽晶作为单晶形核生长初始位置,通过垂直提拉籽晶,晶体将按籽晶的晶向垂直向上生长,通过工艺控制制造所需直径的单晶体。

如图3-4所示,直拉法系统主要包括炉体、样品及生长容器的升降和传动与控制系统。①炉体。炉体一般采用夹层水冷式的不锈钢炉壁,上下炉室用隔离阀隔开,上炉室为操作室,主要用于晶棒置留与籽晶更换,下炉室主要为热场系统,用于单晶生长。该炉室主要由石英坩埚、石墨坩埚、加热系统、保温控制系统等组成。②样品生长传动与控制系统。晶体拉伸装置一般由软轴连接,如采用不锈钢或钨丝,炉顶部安置旋转和提升装置,样品生长容器支撑轴采用空心水冷式的不锈钢轴,同时在炉体下部也配有转动及升降系统。一般对于单晶生长,晶体和生长容器是反向旋转的,以确保均匀生长控制。③生长控制系统。生长控制系统主要用于单晶生长过程中各种生长工艺参数的设置与调控。如单晶直径控制器可通过晶体直径测试分析,并将数据反馈至主控系统。在此基础上,主控系统将根据相关反馈信息,通过调整拉速及温度场设置等参数,以保持单晶生长的直径均匀。此外,控制系统能对晶体转速、坩埚转速、坩埚升速、坩埚转速、炉内压力、气体流量、冷却水压力和流量及各项安全报警等进行全程监测与控制。

为了实现单晶良好的生长,主要需要控制以下工艺参数:温度场调控、籽晶杆的提拉速度及其旋转方向与速度、坩埚的升降速度及其旋转方向与速度、单晶生长气压及气流控制等。所拉制单晶的质量与直径大小主要取决于以上相关工艺参数的综合调控。直拉法的优

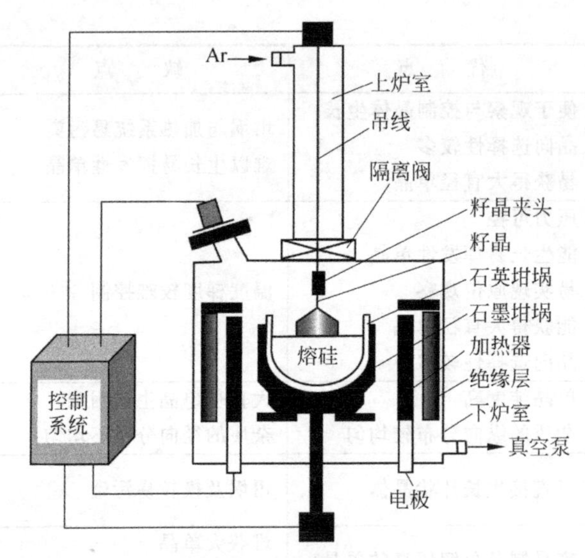

图 3-4 直拉法的设备原理图

点在于设备较为简单，工艺参数易于调控，可以实现多种晶向单晶制备，能制备出大直径的单晶体。因此，目前最重要的单晶硅大部分采用直拉法制备。近年来，由于计算机与自动控制技术发展，采用计算机自动控制直拉制备单晶也是一种趋势。当然，直拉法依然存在一些缺陷，如热对流干扰、难以制备挥发性的化合物单晶、掺杂元素纵向分布难以调控等。为克服这些缺点，近年来，在直拉法基础上发展了一些其他新的方法，如磁控拉晶法、液封拉晶法与加料拉晶法等。

2. *磁控拉晶法*

磁控拉晶法(MCZ 法)是在直拉法工艺设备的基础上，通过其单晶生长坩埚区施加磁场，使单晶导电熔体的对流受到磁场的调控。磁控拉晶法的原理如图 3-5 所示。

磁控拉晶法按照所加磁场的方向分为钩形磁场法、垂直磁场法、水平磁场法。所施加的磁体有常规电磁体与超导电磁体两种。单晶生长过程的导电熔体在磁场作用下，可以起到以下效果：

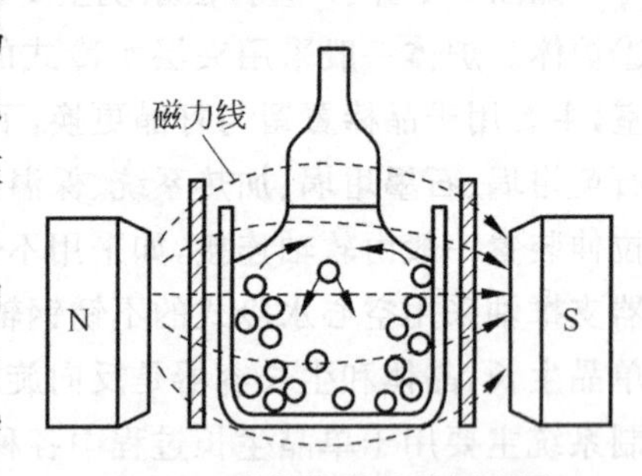

图 3-5 磁控拉晶法的原理图

①稳定熔体的温度波动，如在拉制单晶硅时施加 0.2T 的磁场，结晶前沿附近的熔体温度波动将从 10℃ 以上稳定在小于 1℃以下。②改善温度场波动，改善杂质分布均匀性，从而提升单晶断面电阻的均匀性。③小波动的温度场也可以明显降低缺陷或位错的形成，如单晶硅制备中，MCZ 法所获得的单晶体的缺陷密度远小于 CZ 法拉制的单晶。④通过磁场抑制对流，将减少熔体对坩埚壁的冲刷，防止坩埚壁引入杂质到单晶体中，将使单晶纯度明显提高。⑤磁控拉晶可有利于结晶前沿的扩散层厚度的增强，从而可提高单晶的纵向电阻率均匀性。

磁控拉晶法已成功地用于拉制单晶硅，尤其在较大直径制备时，可抑制氧杂质，提高成品率。

3. 液封直拉法

如图 3-6 所示，液封直拉法(liquid encapsulation czochralski，LEC)是通过在熔体表面再覆盖一层惰性熔体，并在生长炉室内保持大于熔体的分解压力，采用直拉法制备单晶的一种方法。液封熔体应该具有以下特性：密度比熔体小、纯度高、蒸气压低、熔体与坩埚不反应等。最常用的液封熔体是 B_2O_3。生长炉体内的气压一般取决于单晶材料熔点时的分解压，目前高压单晶炉的气压已高达 10MPa。液封直拉法优点在于能拉制大直径单晶，所获得单晶截面为圆形，能制备具有挥发组分的单晶，如砷化镓、磷化镓、磷化铟、砷化铟等。但是该方法温度梯度难以控制，所获得单晶位错密度较高。

4. 悬浮区熔法

悬浮区熔法(float-zone melting method，FZ)在 1953 年首先由 Keck 和 Golay 用于生长硅单晶。区熔法生长单晶不需要使用熔体坩埚，能很好地防止坩埚引入氧或金属杂质，因此能制备出较高纯度的单晶体。该方法制备的单晶，可用于一些对于杂质含量控制较严的半导体器件，如可控硅、整流器及一些半导体探测器件等。

悬浮区熔法的生长过程如图 3-7 所示。整个生长过程需要在惰性气体保护环境下进行，首先将合适长度多晶棒垂直放置在高温炉反应室，通过移动加热线圈将多晶棒的低端融化，此后将籽晶放入多晶熔融区域，通过控制加热线圈的温度与位置，使得多晶熔融体沿着籽晶形成单晶并长大，最后使得多晶棒转为单晶棒。单晶棒的直径主要由顶部和底部的相对旋转速率控制。

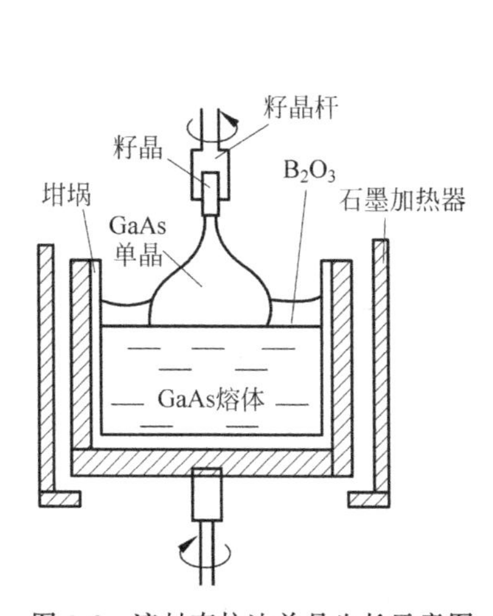

图 3-6　液封直拉法单晶生长示意图

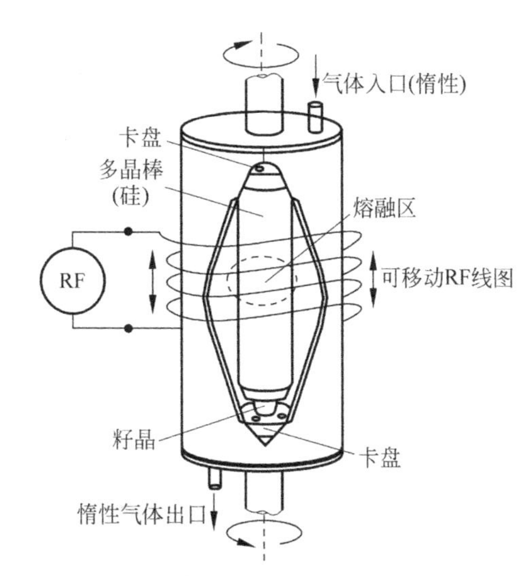

图 3-7　悬浮区熔法单晶生长示意图

由于悬浮区熔法不使用坩埚，因此熔化物杂质污染较低，能够获得纯度很高的单晶体。由于所制备的单晶体纯度较高，因此可用于制作高电阻的半导体材料与器件。悬浮区熔法也存在一些缺点，如籽晶与熔体界面难以控制，所制备的单晶体位错较大，此外，熔体材料需要具有较高纯度的多晶体，制备原料成本较高。

5. 水平区熔法

水平区熔法原理如图 3-8 所示，可根据温度场的不同分为单温区、两温区、三温区、多温区法及温度梯度法。根据熔区的大小分为：区熔结晶法与定向结晶法。区熔结晶法主要用于制备锗单晶。

水平区熔法具有以下优点：①设备简单与易于观察控制。②能够生长挥发性的化合物半导体单晶。③温度梯度控制性好，所生长的单晶体位错较少。该方法缺点主要包括：①所生长单晶的截面呈“D”形，与半导体器件生长线兼容度低，材料利用低。②单晶生长腔体容易污染单晶。③晶向生长选择性小。

图 3-9 示出了制备砷化镓单晶的三温区炉原理图，可采用水平区熔或定向结晶方法制备。

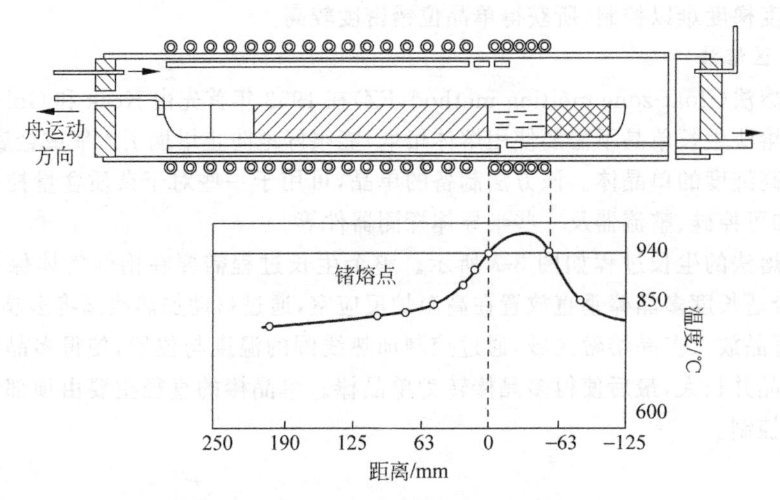

图 3-8 水平舟生长法制备锗单晶示意图

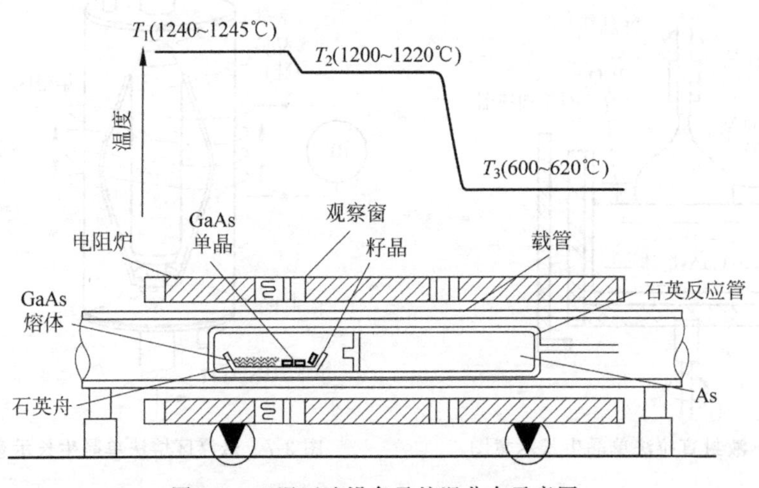

图 3-9 三温区法设备及炉温分布示意图

如图 3-9 所示，不同温区具有不同的作用。T_3 温区约为一个气压，与砷化镓在熔点时的分解压相近。T_1 温区为砷化镓熔化区，可使多晶熔融体在籽晶诱导下沿某一方向形成单晶；T_2 温区是过渡温区，用于减少熔区的温度梯度，以减少石英反应室对砷化镓单晶生长的污染。对于化合半导体单晶体生长，往往采用多温区（超过两温区以上）实现化合物理想化学配比，从而提升单晶生长的质量。

6. 垂直定向结晶法

垂直定向结晶法是通过控制垂直方向的温度梯度，在加热炉或安瓿中生长单晶的方法。若采用固定的温度场下加热炉或安瓿运动称为垂直布里吉曼(VB)法，加热炉与安瓿固定不动条件温度场梯度变化称为垂直梯度凝固法(VGF)。图 3-10 所示为采用垂直定向结晶法制备砷化镓单晶的结构示意图。

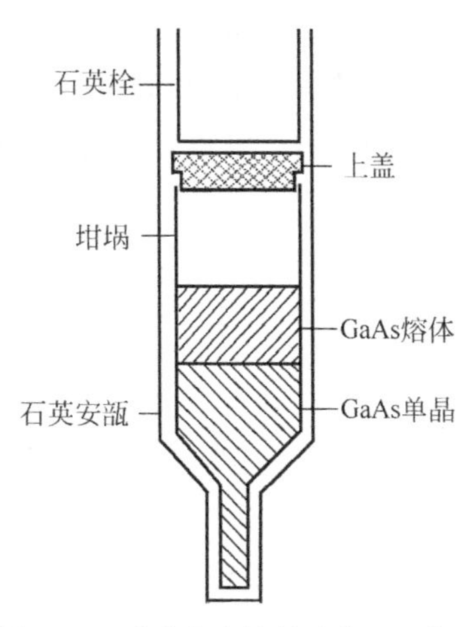

图 3-10　垂直定向结晶法装置示意图

垂直定向结晶法主要优点包括：①设备较简单；②所获得单晶体截面为圆形，便于加工与器件化；③能生长有挥发组分的半导体化合物晶体；④温度场可精确调控，晶体位错较少。该方法的主要缺点包括：①单晶体难以取出；②难以实现原位观察生长；③生长晶向选择性较差。

3.1.3　晶片的制备

半导体单晶棒制备完成后，需要经过进一步加工制备成晶片(晶圆、基片)以达到半导体器件应用的要求。半导体晶片的制造基本步骤包括：晶片切割、化学处理、表面抛光和质量测量。图 3-11 为晶片的制备的基本流程。以下以硅晶片为例说明半导体晶片制备的基本流程。

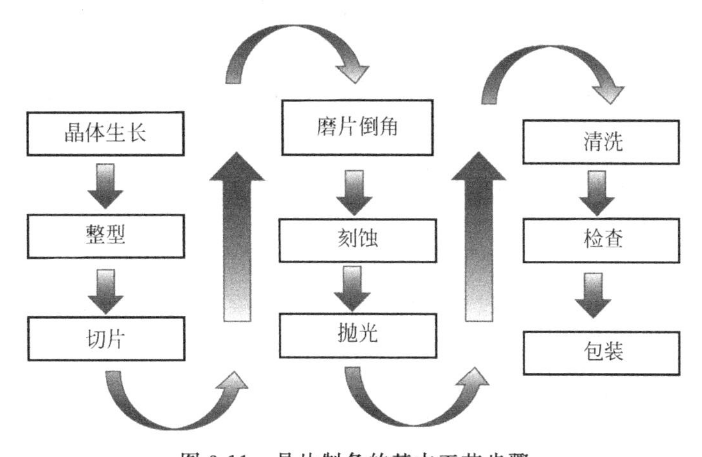

图 3-11　晶片制备的基本工艺步骤

1. 晶锭整形

硅单晶锭在生长完成后，形状不规整，需要进一步整形以适应晶片加工的要求。首先是去两端，即把晶锭的籽晶端和与非籽晶端的不规则部分切除。去端后的晶锭可通过测试电阻确定单晶杂质均匀性。由于在晶体生长中直径和圆度的控制不可能很精确，接着通过径向研磨来控制单晶硅锭的直径。此外在晶锭整形过程中，也往往通过定位标志标明晶体结构类型与晶向，如图 3-12 所示。

2. 切片

晶锭整形完成后就是切片，对于 200mm 左右较小直径的单晶锭，一般采用金刚石切割边缘的内圆切割机来完成其切片。内圆切割机的优点在于进行边缘切割时较稳定,所获得的切面平整。对于300mm以上的大直径硅晶锭,一般采用线锯来切片(图3-13)。线锯能比传统的内圆切割机效率更高,切口损失小,但稳定性不够,所切除的晶片平整度不够。

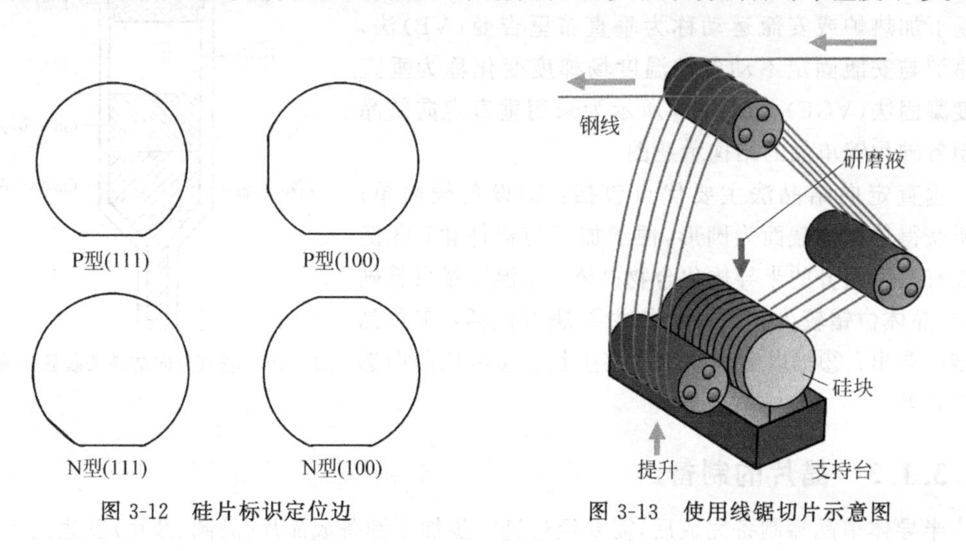

图3-12 硅片标识定位边　　图3-13 使用线锯切片示意图

3. 磨片和倒角

切片完成后,需要进一步使用双面磨片以去除切片时损伤,并实现晶片两面的晶向平行与平整度。磨片通常是采用垫片和带有磨料的浆料利用旋转的压力来完成的,磨片浆料主要包括氧化铝或硅的碳化物和甘油。晶片平整度是磨片需要考虑的关键参数。

倒角是通过对硅片边缘的抛光与修整,从而使硅片边缘获得平滑的半径周线。抛光晶片边缘(边缘抛光)一般在腐蚀工艺之后,而边缘研磨或边缘整形是在腐蚀之前进行的。倒角的重要作用在于所形成的平滑边缘半径可以降低晶片边缘裂痕所导致的位错对晶片性能的影响。

4. 刻蚀

为了消除晶片在制备与整形过程形成的损伤与污染,一般采用化学刻蚀的方法进行表面处理,来选择性地去除表面杂质与损伤。在硅片刻蚀工艺中,一般需要采用化学腐蚀去掉表面厚度约20μm的硅,这样才能确保去除所有损伤与污染。

5. 抛光

晶片抛光又称为化学机械研磨(CMP),目的是使晶片具有高平整度的光滑表面,抛光基本原理如图3-14所示。硅片所使用的研磨液一般为胶状的二氧化硅液。抛光一般仅对一面进行,另一面仍保留化学刻蚀后的表面。因此,市场销售的晶片,两面的粗糙度是不一样的,非抛光面的粗糙度往往是抛光面粗糙度的3倍,一般用于识别器件加工制作。当然,有些特殊要求也采用双面抛光。晶片可通过在抛光盘之间进行行星式运动研磨,在改善表面粗糙度的同时也使硅片表面平坦且两面平行。

6. 清洗

为了制备半导体器件,半导体晶片必须通过清洗得到超净的表面。采用当前的技术,清洗后的晶片表面可以达到几乎没有颗粒和沾污的程度。

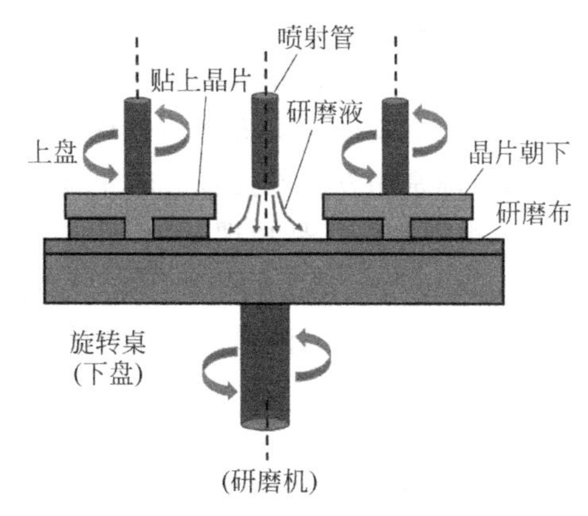

图 3-14 硅片抛光装置示意图

7. 检查

在晶片进入器件制作及市场售卖前,必须对硅片质量标准及性能参数进行检查测定。半导体晶片的质量要求与性能参数主要包括:物理尺寸、杂质含量、晶体缺陷、颗粒、平整度、微粗糙度、电阻率等。

3.2 半导体薄膜生长方法

为了降低半导体器件材料的消耗,实现一些新的半导体功能特性,例如半导体超晶格等,需要制备半导体薄膜材料。

3.2.1 外延生长介绍

制备半导体薄膜材料的方法有很多种,其中最重要的薄膜生长方法为外延生长方法。这种方法是在 1959 年制备高质量半导体单晶薄膜时发展起来的。

半导体薄膜外延生长是在合适的衬底上,生长出半导体单晶薄膜层方法。由于单晶层大都是基于衬底晶格外延出来的,所以生长的半导体薄膜也叫外延层。

外延生长方法根据衬底的材料与作用不同可分为两类。若衬底和外延层是同种材料,则称为同质外延;若衬底和外延层是不同种材料,则称为异质外延。例如,在 Si 上外延生长 Si 为同质外延,而在 Si 衬底上生长 GaAs 则为异质外延。如果以外延层作为器件功能层,叫作正外延;如果以衬底为器件功能层,外延层起支撑作用,叫作反外延。

半导体薄膜的外延生长有如下特点:①可以通过外延生长层改变材料的电阻特性;②外延生长的 PN 结有利于改善扩散结的补偿问题;③选区外延生长可实现特殊结构器件的制作;④通过外延生长可以方便调控掺杂元素的种类与浓度;⑤可以实现异质外延生长,可以实现多层、多组分化合物超薄半导体单晶层,可以实现难以进行单晶生长的半导体材料单晶层生长,如 GaN 及三元以上多元系化合物的单晶层等。

为达到半导体器件应用要求,外延层需满足以下要求:①外延表面应平整光滑、表面无缺陷、无污染等;②具有良好晶体周期性,符合原材料理想的化学计量比,位错密度低;③外延过程引入外来杂质少,尽量降低自掺杂;④异质外延界面组分扩散厚度小;⑤外延过程中掺杂浓度应均匀分布,外延层厚度一致,埋层图形畸变小。

如今半导体外延生长已成为半导体材料与器件应用中最重要的制备方法之一。为了提升外延薄膜的质量,发展了许多薄膜外延生长技术与设备。大部分半导体薄膜的外延生长方法为气相沉积方法,包括化学气相沉积(CVD)方法与物理气相沉积(PVD)方法。化学气相沉积方法包含化学反应过程,目前常用方法包括普通的化学气相沉积和金属有机化学气相沉积(MOCVD)。物理气相沉积方法仅仅是物理过程,最常用的物理气相沉积方法是真空蒸发。分子束外延(MBE)属于真空蒸发技术的一种,是一种超高真空中进行的缓慢的真空蒸发过程,可以实现高质量的外延生长单晶薄膜。另外常用的物理气相沉积方法是溅射,包括电子束、离子束及激光溅射等方法。

其他非气相沉积的薄膜外延生长方法有:化学溶液涂层法、液相外延、固相外延、朗缪尔-布洛吉特(Langmuir-Blodgett)法和原子层沉积方法等。

3.2.2 真空蒸发镀膜法

在高真空环境中,将拟镀膜的固体材料置于加热升华蒸发在特定衬底上沉积薄膜的方法,称为真空蒸发镀膜法(简称蒸镀)。

早在 1857 年,M. 法兰第开始尝试采用在低气压的氮气中通过蒸发金属丝沉积金属薄膜。但由于真空度低,使得蒸发镀膜效率低,实用价值小。1930 年发明了油扩散泵-机械泵联合抽气系统,真空技术开始迅速发展,蒸发镀膜方法也开始被广泛使用并应用到工业生产上。

真空蒸发镀膜技术虽然古老,但目前依然是薄膜沉积中使用最广泛的技术之一,主要因为它具有操作简单、工艺参数易于调控、所制备薄膜纯度高等优点。真空蒸发镀膜主要有三个过程:沉积材料热蒸发或升华,蒸汽输运到衬底,蒸汽在衬底形核生长成膜。

蒸镀制备的薄膜多为非晶或多晶膜,薄膜多以岛状形核生长,包括成核和成膜两个过程。具体薄膜生长过程如下:原子(或分子)蒸发到衬底时,或吸附于衬底表面,或反射或再蒸发出衬底表面。吸附于衬底表面的原子(或分子)通过热运动在衬底应力作用下(衬底表面应力分布不均匀)积聚成团,在衬底表面应力集中处成核。以此岛状核为基础,后续蒸发的原子(分子)不断沉积长大,最后生长成连续的薄膜。从蒸发镀膜的过程看,沉积薄膜的质量与蒸镀工艺参数紧密相关,如蒸发温度、速率、衬底温度、真空气压等。

真空蒸发镀膜中最核心的装置为蒸发源,这也是决定蒸发镀膜质量好坏的关键。基于蒸发源不同,蒸镀法可为分为电阻热蒸发、电子束蒸发、高频感应蒸发、激光束蒸发等方法,以下将分别进行介绍。

1. 电阻热蒸发法

电阻热蒸发法通过电阻加热方法实现蒸发镀膜的方式。电阻热蒸发法的优点是镀膜设备简单、成本低廉、工艺可靠,大都用于低熔点材料的膜层质量要求不高的批量蒸发镀膜中。此外,电阻热蒸发法具有蒸发材料选择有限、镀膜面积较小、镀膜不均匀、容易造成设备污染等缺点。

电阻蒸发法需要重点考虑的合适电阻材料的选择。应考虑蒸发时材料不会软化、高温饱和蒸气压小,不易与被蒸发材料发生反应,无放气污染等,同时应具有合适电阻率以适合加热升温。因此,电阻蒸发材料一般选用高熔点的金属,如钼、钨、钽等。考虑加热电阻材料与蒸发材料是否发生浸润,加热电阻需要加工成不同的形状。如容易发生浸润,需加工成丝状结构，而难于发生浸润时，可加工成各种器皿等。若蒸发材料易升华，需要把电阻材料加工成盖舟或篮形线圈等特殊形状。

2. 电子束蒸发法

电子束蒸发法是通过电子束加热使蒸发材料汽化在基底上成膜的方法。电子束蒸发可以实现高熔点材料的蒸发镀膜。

电子束蒸发的关键装置为产生电子束的电子枪，基于电子束聚焦方式不同，可分为环形枪、直枪（皮尔斯枪）、e形枪等几种。环形枪是由环形的阴极发射电子束通过聚焦加热坩埚内蒸发材料。直枪是电子束通过阳极直线加速并在磁场作用下聚焦，轰击蒸发材料。e形枪是电子束偏转270°，电子轨迹呈“e”形而得名。电子束通过数千伏电压加速，并经磁场偏转270°后再轰击加热坩埚中的蒸发材料。

3. 高频感应蒸发法

高频感应蒸发法是将蒸发材料放置于高频螺旋线圈中央，依靠高频磁场产生强大的涡流损失和磁滞损失（对铁磁体）来加热蒸发材料。加热频率一般为一万至几十万赫兹。图3-15为一种高频感应蒸发源的原理示意图。

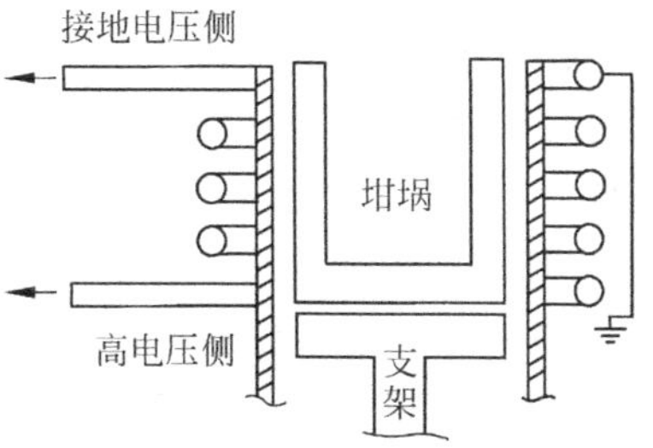

高频感应蒸发法具有蒸发速率大（比电阻蒸发大10倍）、制备薄膜污染小、薄膜厚度较均匀、蒸发材料装料简单、蒸发温度易于控制等优点。但是，由于高频感应设备较复杂，需要昂贵的高频发生器，需要装置屏蔽等。

图3-15　高频感应蒸发源的原理图

4. 激光束蒸发法

激光束蒸发法是利用高能激光加热蒸发材料实现镀膜的一种方法。图3-16是激光蒸发法的装置原理图。通常使用的激光源有：脉冲激光，如红宝石激光器、铁玻璃激光器、钇铝石榴石激光器等；连续激励激光，如CO_2激光器等。脉冲激光光源具有“闪蒸”的特点，薄膜的沉积速率高、附着力强等。而连续激光具有缓蒸的特点。激光蒸发法具有功率密度大、可蒸发高熔点材料等优点。

5. 反应蒸发法

反应蒸发法是真空蒸发镀膜方法的一种改进，指在蒸发沉积过程中将合适比例的反应性气体通入真空室内，通过气体反应沉积化合物薄膜。图3-17为其装置原理图，图中等离子区是为了使气体电离活化，进一步提升反应效率。反应蒸发法应尽量避免气体与蒸发源进行反应而降低反应效率。

6. 分子束外延法

分子束外延（molecular beam epitaxy，MBE）法是指在超高真空环境下，使加热后的分子（原子）束流喷射到衬底进行外延薄膜生长的方法。MBE方法是在20世纪70年代初由美国贝尔实验室的卓以和发明的。

MBE方法可以在多种衬底上直接外延生长出表面粗糙度达到原子量级的薄膜，也能生长出具有原子量级精确度的异质界面。因此，该方法目前已经广泛应用于超晶格、量子阱及高电子迁移率晶体管器件的制备上，已在高性能的微电子、光电子器件得到产业化应用。MBE成已为高端半导体材料、器件制造中最重要的技术之一。

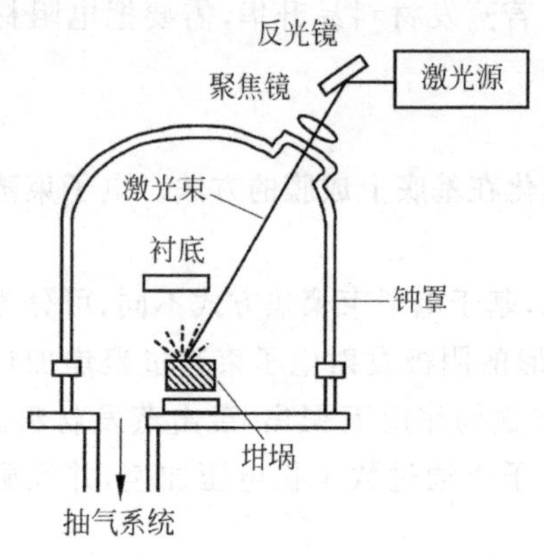

图 3-16 激光束蒸发法装置原理图

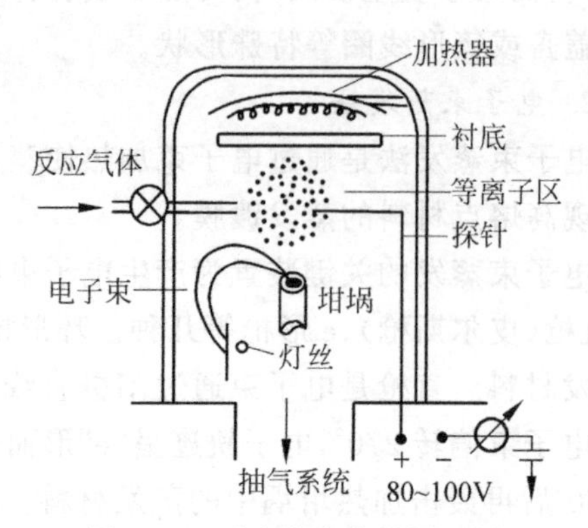

图 3-17 反应蒸发装置原理图

图 3-18 的 MBE 法生长 $GaAs/Al_xGa_{1-x}As$ 超晶格原理示意图。在超高真空（$<10^{-10}$ Torr）系统中，通过多个分子束源炉（喷射炉），将组成化合物各种组分加热通过分子（或原子）束流沉积在衬底，实现所需成分与厚度的外延薄膜生长。薄膜组分通过各束流强度控制，薄膜厚度通过外延生长时间控制，外延薄膜的相结构与成分通过衬底温度、束流成分及炉温调控来实现。

MBE 方法相对于普通的真空薄膜沉积方法，具有生长速率可控、薄膜厚度可控、成分可调、可选择性生长、可原位观察等特点。

随着 MBE 技术的不断发进展，当前典型的 MBE 的薄膜沉积系统，有进样室（样品预处理室）、分析室和外延生长室三个真空腔室。

进样室用于换取样品，一般可放入 6～8 个衬底片，同时兼有对衬底片进行低温除气的功能。分析室可通常配备低能电子衍射（LEED）、二次离子质谱（SIMS）、X 射线光电子能谱（XPS）以及扫描隧道显微镜（STM）等装置，可对样品进行表面成分、电子结构和杂质缺陷等分析。外延生长室用于薄膜样品的分子束外延生长。每个室都具有独立的真空腔室，各室之间用闸板阀隔开通过磁耦合式或导轨链条式的真空传递机构在各室之间传递样品。

MBE 系统最重要的腔室是外延生长室，由真空系统、分子束源炉、束源监测系统、样品架及加热系统、反射式高能电子衍射装置（RHEED）等部件构成，如图 3-19 所示。

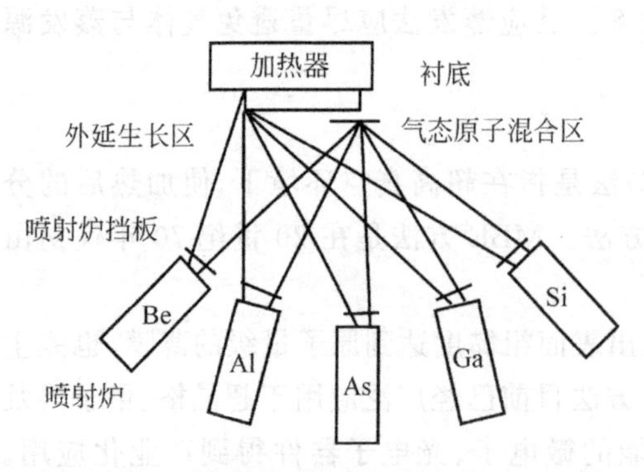

图 3-18 MBE 法生长 $GaAs/Al_xGa_{1-x}As$ 超晶格原理示意图

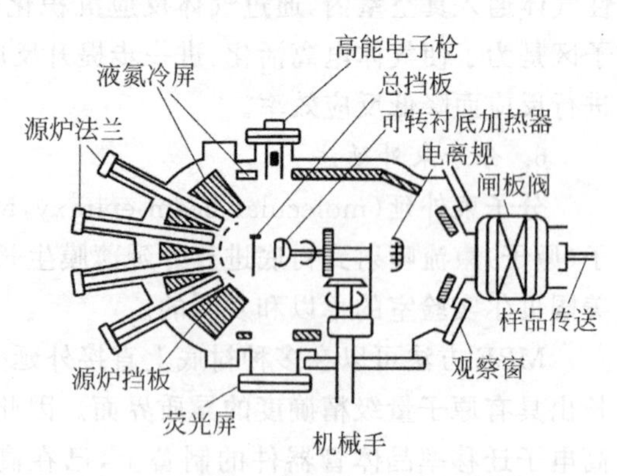

图 3-19 MBE 系统外延生长室示意图

(1) 真空系统。为保证高质量外延薄膜的生长，真空腔室的气压应低于 10^{-8}Pa。因此抽气系统包括机械泵、分子泵联动、离子泵与钛升华泵。此外，为达到超高真空效果，真空腔室一般带有相应的烘烤系统，以去除腔壁吸附的残余气体。

(2) 分子束源炉。分子束源炉是生长室中的核心部件，由喷射炉、挡板和液氮屏蔽罩构成，安置方式有水平式、斜射式和垂直式三种类型。束源炉的控制精度是外延薄膜生长质量的可靠保障。

(3) 束源(蒸发速率)监测系统。该系统通过监测分子(或原子)束密度或速率来实现外延薄膜成分及厚度的精确调控。一般采用石英晶振与电致发光等方法来监测。

(4) 样品架(机械手)及加热系统。样品架系统可在 X、Y、Z 三个方向及轴线进行移动调整，以薄膜样品外延质量及结构调控。加热系统主要用于衬底的温度的调控实现外延薄膜的结晶生长。

(5) 反射式高能电子衍射装置。该装置主要用于原位观察外延表面的清洁度、平整度及表面结构。

3.2.3　溅射法镀膜

离子等荷能粒子使固体表面原子或分子射出的现象称为“溅射”。该现象能用于样品表面刻蚀与镀膜。

溅射镀膜是通过荷能离子轰击靶表面，利用轰击出的粒子在衬底沉积成膜的技术。1965 年，IBM 公司首先采用射频溅射法实现绝缘体薄膜的制备。1971 年，Clarke 等首先发明了磁控溅射技术，之后溅射镀膜开始在薄膜制备领域得到广泛应用。溅射镀膜主要有阴极溅射、三极溅射和四极溅射、射频溅射、磁控溅射及反应溅射等技术。

1. 阴极溅射

溅射镀膜最先应用的是阴极溅射，主要由阴极和阳极两个电极组成，因此又称为二极溅射或直流(DC)溅射。图 3-20 为阴极溅射装置原理示意图。该装置采用平行板电极结构，靶材为阴极，衬底基板为阳极，需要放置于真空腔室内，溅射腔室需要首先抽真空至 10^{-3}～10^{-4}Pa，然后充入惰性气体(如 Ar)至 1～10^{-1}Pa，并在两极间加上数千伏的高压产生辉光放电，形成高能离子，通过高能离子轰击靶材实现薄膜沉积。

阴极溅射设备结构简单，操作方便，可长时间镀膜。但是也有诸多缺点，如沉积速率较慢、靶材一般需用金属靶材、需要高温衬底、薄膜容易被残留气体污染等。

2. 三极溅射和四极溅射

为了避免二极溅射的缺点，进一步发展出三极溅射和四极溅射。三极溅射为独立阴极(热阴极)，三极由热阴极、阳极和靶电极组成。四极溅射是在三极溅射的基础上再加上辅助电极用于稳定辉光放电。在三极溅射和四极溅射系统中，等离子区由热阴极和阳极产生，通常还引入定向磁场，使等离子体汇聚，提升电离效率，因此三极溅射和四极溅射也称离子体溅射。该系统可大大降低靶电压，并能在较低的气压下(如 10^{-1}Pa)进行辉光放电，溅射速率大大得到提升。图 3-21 为四极溅射典型的装置原理示意图。但是相对于二极溅射，三极溅射和四极溅射系统结构复杂，较难实现密度均匀的等离子区，近年来使用日益减少。

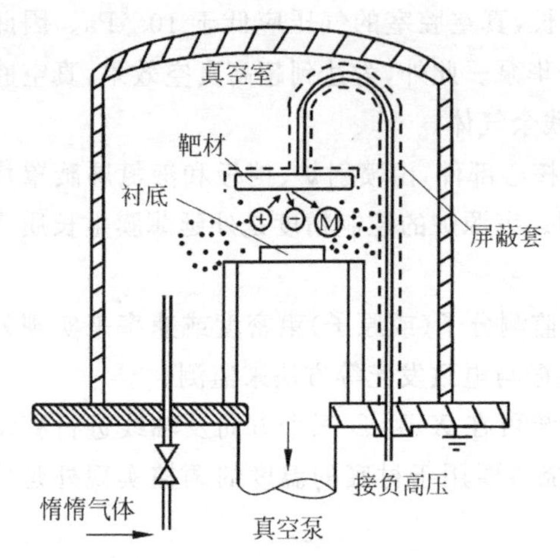

图 3-20 阴极溅射装置原理示意图

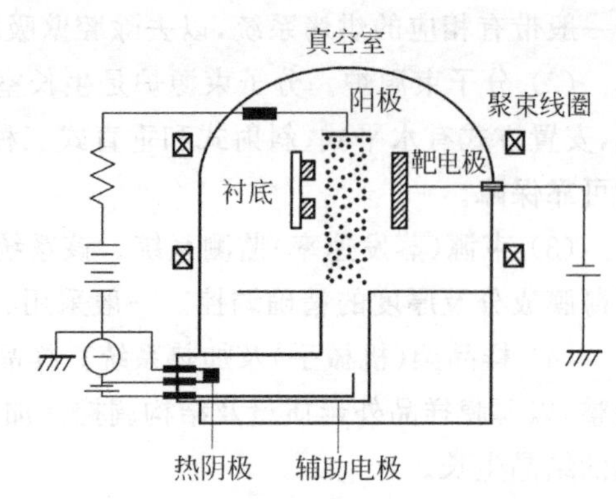

图 3-21 四极溅射装置的原理示意图

3. 射频溅射

射频(RF)溅射又称高频溅射，主要为解决绝缘材料镀膜的应用。直流溅射方法一般用于金属、半导体薄膜的制备，若用于绝缘材料，正离子轰击导致电荷积累不能导出将使溅射停止。为解决以上问题，通过在绝缘靶的金属电极上施加频率为 5～30MHz 的高频电场(通常采用工业频率 13.56MHz)，则可使溅射过程持续。此外，若在靶电极串联 100～300pF 的电容器，该方法也可用于溅射金属。

4. 磁控溅射

为了提高离化率，增加溅射速率，通过引入正交电磁场，利用磁场控制电子运动轨迹，这种利用磁控原理与溅射镀膜的方法就是磁控溅射。该方法可使离化率提高 5%～6%，溅射速率提高 10 倍，可使部分材料达到了电子束的蒸发速率。磁控溅射可采用直流与射频方式工作。

5. 反应溅射

反应溅射与射频溅射一样，都可应用与绝缘介质薄膜的制备。反应溅射就是在溅射过程中，在衬底表面，利用金属靶溅射原子通过气相反应生长绝缘薄膜的方法。在反应溅射中，需要控制化合物形成的速率与溅射速率，从而使所需化合物薄膜持续生长。

3.2.4 离子成膜技术

在溅射镀膜工艺基础上，进一步发展了离子成膜技术。

3.2.4.1 离子镀成膜

离子镀膜简称为离子镀，是真空蒸发和溅射技术相结合的镀膜方法，在真空环境下，通过蒸发材料或气体离化，在衬底上生长成膜。该方法可提升薄膜的性能，扩展薄膜技术的应用范畴。

图 3-22 为离子镀的原理示意图。离子镀系统通常由真空室、蒸发源、高压电源、离化装置、放置衬底的阴极等部分构成。在靶材加热蒸发的基础上，通过蒸发源与衬底区施加高电压辉光放电，并引入惰性气体形成放电等离子区，离化的蒸发材料与离化气体一起在衬底上

成膜。由于离子镀也有溅射作用，因此在离子镀过程，需要使薄膜沉积速率大于再溅射速率。

按靶材的蒸发方式，离子镀可分为电阻加热、等离子电子束加热、电子束加热、高频感应加热等。按照离化和激发方式分，有辉光放电型、热电子型、电子束型及等离子电子束型等。目前常用离子镀系统有直流二极型离子镀、三极型和多阴极方式的离子镀、电弧放电型高真空离子镀、空心阴极放电离子镀、射频放电离子镀、活性反应蒸发离子镀、多弧离子镀、磁控溅射离子镀等。

由于离子镀的特殊成膜方式，因此其衬底选择广泛，半导体硅片、金属、绝缘衬底，蓝宝石与石英、陶瓷、玻璃、塑料均可用作衬底。离子镀通常用于在金属件上制备超硬薄膜，也可以用于各类饰品的装饰膜。近年来，离子镀也发展用于制备如 SiC、ZnO、TiO_2 等半导体薄膜。

3.2.4.2 离子束成膜

为进一步控制薄膜的质量，离子束成膜技术也得到了广泛的发展。离子束成膜主要包括离子束溅射沉积、离子束沉积、簇团离子束沉积及离子注入成膜等方法。

1. 离子束溅射沉积

离子束溅射沉积又称为二次离子束沉积，通过惰性气体产生高能离子束(100～10000eV)轰击靶材进行溅射成膜。图 3-23 为其原理示意图。该系统主要由离子束源、离子束引出极和沉积室三部分构成。

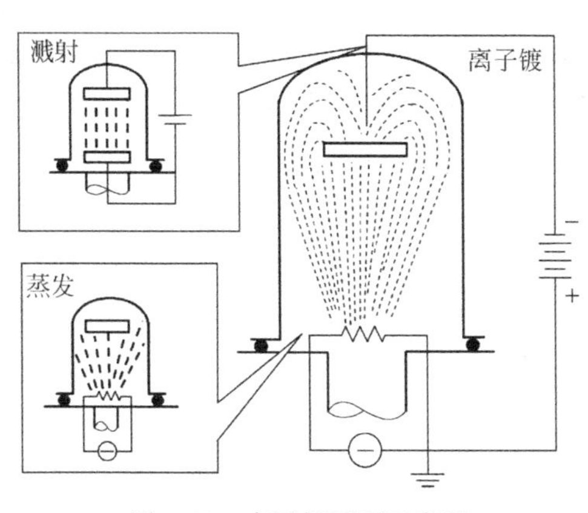

图 3-22 离子镀原理示意图

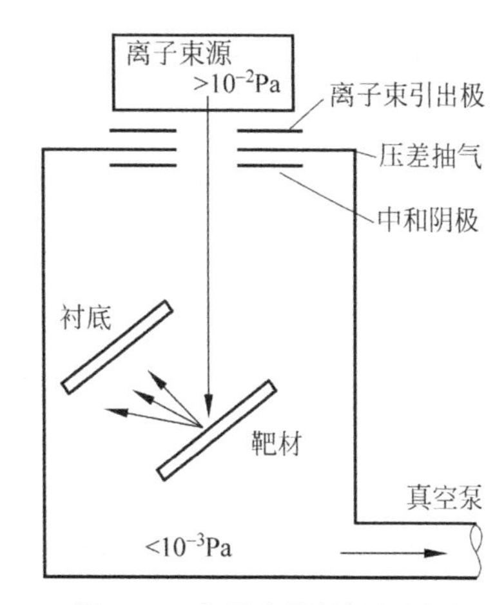

图 3-23 离子束溅射沉积原理

相对于普通溅射方法，离子束溅射沉积具有沉积气压较低、薄膜结构与性能易于调控、制备薄膜污染较小等优点。

2. 离子束沉积

离子束沉积(IBD)又称为一次离子束沉积，通过固态物质的离子束直接打在衬底上沉积成薄膜。离子束沉积的离子能量一般为 100eV，保证薄膜沉积成膜并降低衬底的再溅射。IBD 的结构原理与图 3-23 类似，但衬底位置在靶材的位置，所使用的离子源为一般为固态金属物质。

3. 簇团离子束沉积

簇团离子束沉积原理示意图如图 3-24 所示，类似于真空蒸发方法，但是蒸发源于薄膜生长室分开了。蒸发材料通过喷射形成簇团，并经过离化作用，通过电场加速在衬底上形成薄膜。簇团离子束沉积法制备化合物薄膜，可采用多坩埚蒸发共沉积法。

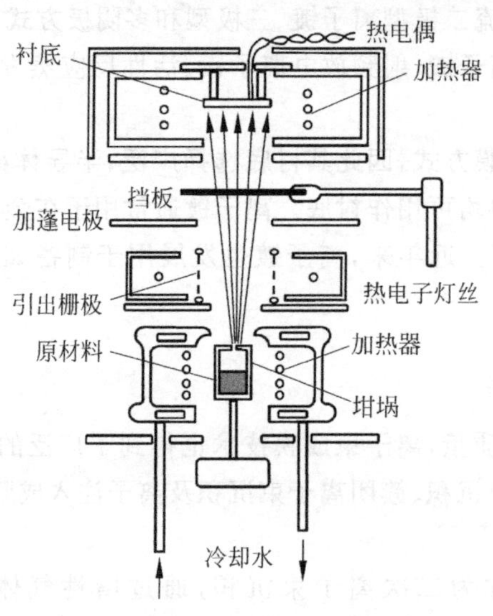

图 3-24 簇团离子束沉积装置示意图

4. 离子注入成膜

离子注入成膜是将高能离子(20～400keV)注入衬底成膜。离子注入离子浓度很大时，由于固溶度的限制，将有原子从衬底析出与衬底反应形成化合物薄膜。如 ZnO 薄膜可通过离子注入方法在 Zn 金属衬底上大量注入氧离子形成质量良好的 ZnO 薄膜。

3.2.5 化学气相沉积法

化学气相沉积(CVD)法是通过一种或几种气相化合物或单质、在衬底表面上进行化学反应沉积成膜的方法。化学气相沉积过程包括气体输运、表面吸附、化学反应成膜等过程。CVD 装置主要包括气体发生、净化、混合与输运装置、反应室、衬底加热装置和排气处理装置等。CVD 主要调控参数有衬底温度、气体组分、浓度、流量、气压等。CVD 反应系统应满足以下条件：气相反应物足够的蒸气压保证气相物质进入反应室；除薄膜生成物以外，反应物应是气相的；所沉积的薄膜蒸气压足够低，保证所沉积的薄膜不会升华挥发。

目前比较前沿的 CVD 方法主要包括低压化学气相沉积(LPCVD)、等离子体增强化学气相沉积(PECVD)及有机金属化学气相沉积(MOCVD)等。

1. 低压化学气相沉积

LPCVD 是低压条件下基于 CVD 原理进行外延薄膜生长，外延室为低压，需要精确控制压力系统，载气流速增大，反应物质扩散系数增大。该方法能用于制备大面积的单晶、多晶半导体薄膜。

2. 等离子体增强化学气相沉积

PECVD 通过引入等离子体使反应气体分子离化，降低反应温度，提升化学速率。该方法优点是气体的离化使反应温度大大降低。

PECVD 与普通 CVD 具有以下优点：能在较低低温成膜；在较低压强条件下成膜，成膜一般均匀致密；可在各种衬底上沉积薄膜，如金属、陶瓷、有机聚合物等；提升了薄膜与衬底的附着力。

PECVD 方法的缺点是反应过程复杂，生成物难以精确调控，工艺参数调控比较困难等。

3. 有机金属化学气相沉积

MOCVD 是一种高质量外延薄膜的生长方法，通过有机金属化合物的热解反应实现气相外延薄膜的生长。该方法主要采用含有外延材料组分的金属有机化合物气体在反应室通过温度与压力调控实现外延薄膜制备。MOCVD 系统主要包括：温度控制系统、压力控制系统、气体控制系统、反应气处理系统、尾气处理系统等。MOCVD 一般用于化合物半导体薄膜材料的高质量外延生长。

MOCVD 法已成功用于半导体薄膜器件(如 LED 等)的制备等，主要特点包括：沉积温度低。如 ZnSe 薄膜的 MOCVD 沉积温度仅为 350℃；可控制沉积速率，实现薄膜厚度的精确调控；可用于生长大部分的化合物和合金半导体外延薄膜；工艺参数易于调控，可用于大批量生产。

但是 MOCVD 也有一些缺点：反应原料有机金属化合物大多有毒易燃；薄膜制备过程容易污染，且需要严格防护；反应温度低，容易影响膜的质量。

除上述 CVD 方法外，电子回旋共振等离子化学气相沉积方法(ECR-PECVD)、微波等离子气相沉积系统(MPCVD)等也引起了人们的关注，这些 CVD 系统在一些特殊薄膜的制备上也发挥了重要的作用，如 MPCVD 在金刚石薄膜的制备上具有较好的优势。

第4章

纳米半导体材料

4.1 纳米半导体材料的物理效应和特性

作为新材料中最典型的代表，纳米材料近年来引起了人们广泛的关注与重视。纳米材料主要指材料三维空间的某一个维度或几个维度的尺寸在1～100nm范围内。按维度分，纳米材料可分为：①零维材料，材料空间三维均在纳米尺度，如金属量子点、纳米团簇等；②一维量子材料，空间二维尺度处于纳米尺度范围，如纳米线（棒）、纳米带、纳米管等；③二维纳米薄膜，仅在某一维度处于纳米尺度，如二维电子气系统、二维量子阱、超薄膜、多层纳米膜、超晶格等。材料维度尺寸进入纳米范围，量子效应开始呈现，材料将表现出新的物理效应与特性。

按照纳米材料性质又可分为纳米金属、纳米半导体，纳米铁电、纳米热点、纳米磁性及纳米光学材料等。

纳米半导体材料是指纳米材料中具有半导体特性的材料。纳米半导体材料可以通过能带工程获得，如量子阱、半导体超晶格等；也可以通过自组装生长获得，如半导体量子点、纳米管、纳米线等。纳米半导体随着材料的空间维度进入纳米尺度，会出现许多新的物理效应，如量子干涉效应、量子隧穿效应、库仑阻塞效应和非线性光学效应等。利用这些新现象与新效应，可研制出新的纳米半导体量子器件。如新型纳米半导体光电子器件具有超高速、超高集成度、高效、超高频、低功耗和极低阈值电流密度、极高调制速度、极高量子效率、极窄线宽和高的应用温度范围等特点，极大地拓宽了半导体材料应用范围与领域。因此，基于纳米半导体材料为基础的新一代纳米电子、光子学与光电集成器件等，已成为各国竞相投入大量人力、物力研究的最重要材料领域之一。以下将简要阐述纳米半导体材料不同于常规半导体材料的一些典型的新物理效应与特性。

4.1.1 半导体材料的物理效应

1. 量子尺寸效应

纳米材料中最直接的效应是量子尺寸效应，随着材料某一维度进入纳米尺度，电子相干波长将与材料尺度接近，从而在材料表面与界面处发生相干现象。激子波长、磁交换长度、磁畴宽度、传导电子的德布罗意波长、超导态的相干长度等物理特征尺寸已与材料尺度接近，材料边界将显著影响材料的性质，如光、电、磁、声、力学等材料特性可能表现出显著的纳米尺寸效应。此外，纳米体系中，周期性边界条件破坏，电子能带开始变成了离散的量子能级，材料性能的量子性将开始呈现。纳米半导体材料中，首先发现具有显著的量子尺寸效应为江崎和朱兆祥提出的半导体超晶格材料。半导体超晶格，即将两种晶格参数匹配得很好的半导体材料以几个纳米到几十个纳米的厚度交替排列的一维周期性结构。在1969年被江崎与朱兆祥提出量子尺寸效应后，1973年张立纲等用分子束外延技术生长出第一例人造半导体超晶格。据超晶格匹配组分的不同可分为掺杂超晶格和成分超晶格。而按其禁带宽度的不同，又可分为第Ⅰ类组分超晶格、第Ⅱ类组分超晶格和第Ⅲ类组分超晶格。其中，对第Ⅰ类组分超晶格的研究最引人注目，发现了量子霍尔效应、近零阻态及负微分电阻等新的重要物理现象。当外加调制势在一个方向限制电子运动，超晶格系统产生了许多新的量子效应，有许多新的应用。这自然使人们通过限制其他两个方向电子运动，来产生更强的量子约束效应。随着分子束外延技术的发展及光学和电子束微刻的日臻完善，采用一些方法如侧向腐蚀法、负载诱导法及解理边生长法等，实验上已成功制备了纳米半导体量子线、量子箱及量子点阵列，这些结构都具有显著的量子尺寸效应。量子尺寸效应一般会导致材料的光、电、磁学等性质的显著改变，这些新的效应将为研制新一代半导体量子器件提供新的理论依据。此外，由于纳米半导体材料尺度改变，其带隙也将随之变化，由此将引起光谱位置移动，导电性能改变等特性。

图4-1是AlGaAs/GaAs/AlGaAs超晶格结构导能带结构示意图。AlGaAs势垒层和GaAs势阱层分别用E_{g1}、E_{g2}和L_w，L_b表示。

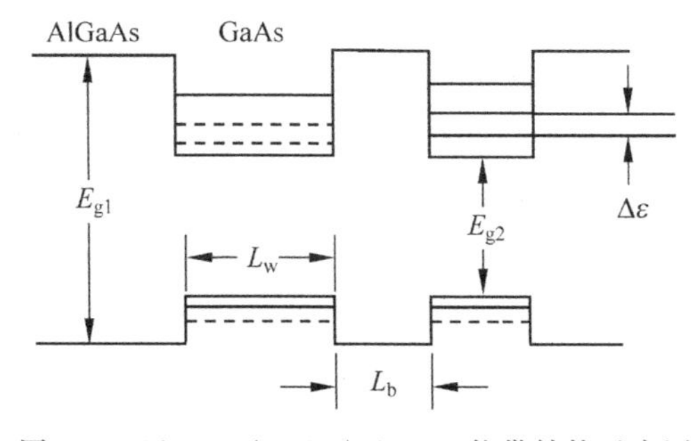

图4-1 AlGaAs/GaAs/AlGaAs能带结构示意图

若量子阱的宽度L_w等于或小于电子的德布罗意波长λ_d时(对硅和GaAs等的λ_d分别在几纳米到几十纳米)，在处于量子阱的电子受到边界约束，其电子能带由一些分立能级组成(见图4-1中虚线部分)。

2. 其他新型的量子输运效应

半导体超晶格、量子线及量子点等都可视为其一维、二维或三维的量子化限制的低维纳米结构。纳米半导体量子输运中，其中最受人关注的当属量子霍尔效应。1980 年，被冯·克利青(Klaus von Klitzing)在实验上首先发现了量子霍尔效应，并因此荣获 1985 年的诺贝尔物理学奖。而后，贝尔实验室的崔崎(Daniel Tsui)、施特默(Horst L. Stormer)和劳克林(Arthur B. Gossard)因发现分数量子霍尔效应荣获 1998 年的诺贝尔物理学奖。量子霍尔效应在时隔 13 年内两次获如此殊荣，不难说明其在低维物理的重要地位。整数、分数量子霍尔效应是二维电子气体系在极低温和强磁场条件下呈现出来的、独特的强关联属性。1974 年，Ando 等在研究 Shubnikov-de Haas 振荡的基础上发展了二维量子输运理论。同样，在对二维电子气的磁致输运的研究过程中，发现了类似于 Shubnikov-de Haas 振荡的 Weiss 振荡。Shubnikov-de Haas 振荡、Weiss 振荡及量子霍尔效应都应属于平行输运范畴。而对垂直输运，研究的最多的应是隧穿输运。所谓量子隧穿效应，就是电子能够共振隧穿能量高于电子动能的势垒(图 4-2)，而在经典理论中，小于势垒能量的电子，是不可能穿过势垒的。1973 年，朱兆祥和江崎研究了多势垒的隧穿效应。1974 年，张立纲等在实验上证实了两重隧穿的共振隧穿效应由此引发了对隧穿效应研究的热潮，尤其是谐振隧穿二极管及谐振隧穿三极管的出现及应用，对双势垒结构的研究在目前依然是研究热点。基于量子隧穿效应的共振隧穿二极管、三极管及其集成将在超高频振荡器和高速电路等领域有着重要的应用前景。

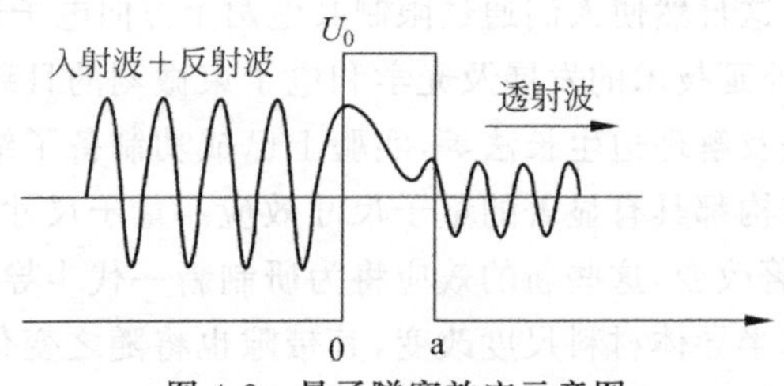

图 4-2　量子隧穿效应示意图

另一方面，半导体量子线及量子点系统中一些新的现象如普适电导涨落、霍尔电导淬灭、A-B 振荡、弱局域化效应及量子点接触在实验上相继被发现。在垂直磁场的作用下，量子线系统呈现出边缘态行为，其形成、存在及固有特性对系统的量子相干输运起着重要作用。而对于量子点系统，电子被局域于量子点，其输运过程主要是隧穿，考虑到周期势的影响其势必表现出复杂的输运特性。另外，基于周期势的加入而形成微带后的微带输运，Wannier-Stark 跳跃输运也受到了人们的关注。然而，就其本质而言，无论是二维电子气，还是量子线量子点系统，都可看作是因为外场和量子阱的耦合强度的变化而表现的某一种输运行为(图 4-3)。

3. *库仑阻塞效应*

半导体库仑阻塞效应是指电子在纳米体系输运室，进入该体系所需能量已与单个电子的能量接近，由于库仑阻塞能作用，电子通过该体系时，只能单电子一个个进行，不能进行连续集体输运，基于半导体纳米材料单电子输运的现象称为库仑阻塞效应。

实验上通过栅压调控来观察半导体量子点体系的库仑阻塞效应。通过栅压调控，可使量子点分立能态数增加，通过量子点的电子数目也随之增加，实验中将观察到图 4-4 所示的库仑台阶。基于半导体库仑阻塞效应可以研制超快、超高灵敏单电子器件和量子点旋转门等。

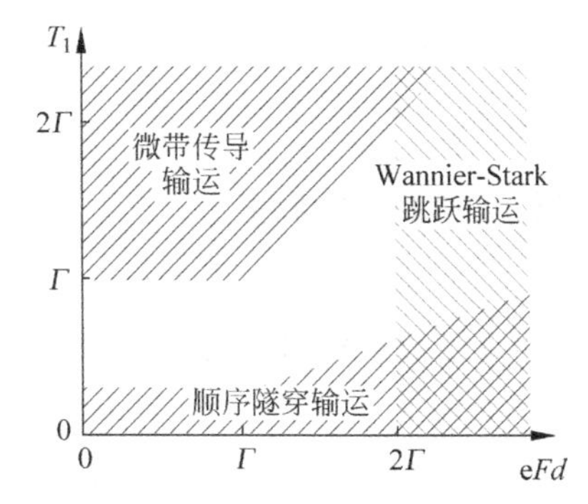

图 4-3 在不同势阱间耦合强度及外场作用下，电子表现出的不同输运模式(其中，T_1 为阱间耦合强度，F 为外加静态场强，d 为超晶格周期，Γ 为散射率因子。)

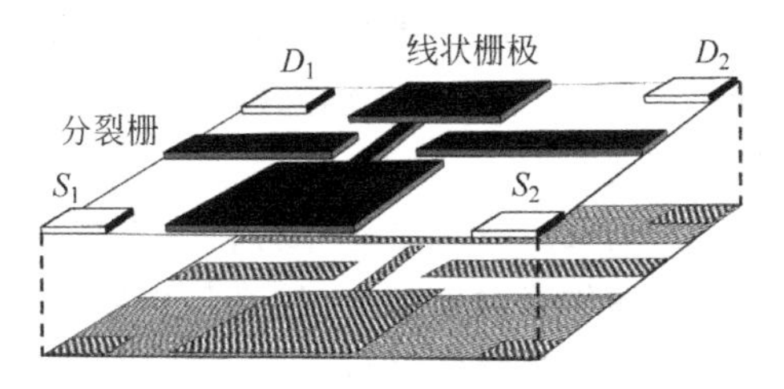

(a) 栅长和栅宽都比电子的平均自由程小

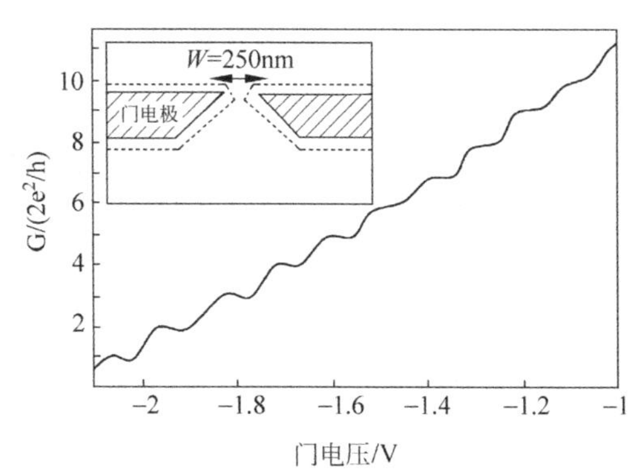

(b) 低温下测得的电导随门电压台阶式的变化曲线，台阶高度为$2e^2/h$。由于被电子占据的子带N是整数，且随通道的宽窄而变化，故电导随电压成台阶式变化

图 4-4 带有分裂栅的器件结构

4. 量子干涉效应

半导体纳米体系中，其特征尺度可与电子的德布罗意波长相近或者更小时，材料电子的波动效应开始呈现，电子在该体系输运时，可能发生弹性散射，但电子的相位将发生变化，此外半导体纳米材料中的量子干涉效应。利用该效应，可制造量子干涉晶体管，实现高精度的测量。但是，室温下，温度效应导致的声子将极大干扰量子干涉效应，因此基于量子干涉效应一般需要低温下使用。

5. 介电限域效应

介电限域效应主要表现在当纳米粒子处于异质介电材料，界面引起介电增强的现象。半导体纳米半导体材料的介电限域效应主要应用于光学器件应用。例如通过在半导体纳米结构通过不同介质材料包覆，通过介电限域作用极大改变其光学特性。介电限域效应物理根源在于介电常数在纳米尺度的突变可改变半导体中的电子-空穴结合能，在实验中可观察到吸收光谱红移等现象。

4.1.2 纳米半导体材料的基本特性

1. 光学特性

由于纳米尺寸效应和表面效应导致半导体能带结构变化，纳米半导体相对于常规半导体，具有一些新的特性。

(1) 宽频带强吸收。对于半导体纳米粒子，其表面效应使得其光反射系数显著降低，在光照射下，更多的电子由价带向导带跃迁，发生了宽频强吸收现象。如 ZnO、Fe_2O_3 和 TiO_2 等，对紫外光具有宽频带强吸收特性。

(2) 吸收带边蓝移现象。相对于普通块体半导体材料，纳米半导体的吸收光谱带向短波方向移动，发生“蓝移”现象。主要是以下原因引起的：一是量子尺寸效应导致带隙变小；二是由强的表面效应导致晶格畸变。

(3) 量子限域效应与强发光现象。纳米半导体材料空穴载流子浓度增加，容易约束电子形成激子，产生激子发光带，随着纳米尺度减小，发光带强度增强并发生蓝移现象。因而纳米半导体材料发光性能有别于常规半导体材料。

2. 光电催化特性

(1) 光电催化活性。纳米半导体材料光电催化活性均明显的优于相应的体相材料，主要物理根源在于：由于纳米尺寸效应，其带隙变大，导带电位降低，而价带电位升高，从而具有更强的还原及氧化能力；纳米半导体尺度小，载流子输运路径短，有利于缩短氧化或还原反应的时间；纳米结构具有更大比表面积。

(2) 纳米半导体催化反应的选择特性。一是随着半导体纳米颗粒的尺寸变化，其所生成的反应产物显著不同；二是不同种类的纳米半导体，催化反应的产物也各不相同。如采用纳米 TiO_2 和 ZnS 光催化分解甲醇水制氢，前者产物为 H_2，而后者反应产物为丙三醇和 H_2。

(3) 纳米半导体光致电荷分离特性。光催化过程中，电荷转移与分离是关键。一般而言，纳米半导体颗粒越小，光生电荷效率越高。

3. 电学特性

纳米半导体材料的介电特性(介电常数、介电损耗)及压电行为同常规的体相半导体材料有显著不同，主要表现为：

(1) 纳米半导体材料的介电常数随测试频率发生更为显著的变化。

(2) 纳米半导体材料的介电常数在低频范围呈现纳米尺寸效应，介电常数随尺度变化先增加后减小，在某一临界尺寸呈现极大值。

(3) 压电特性。纳米半导体压电极化特征存在一个临界尺度，小于某个临界尺度，压电极化可能消失。此外，纳米晶半导体的大量界面可形成局域电偶极矩，可产生强的压电效应，而非纳米晶半导体由于其界面减少可能导致压电效应减弱或消失。

4. 环境敏感特性

纳米半导体具有大的比表面积与高的表面能，表面稳定性差，活性高，很容易与其他原子结合，从而改变半导体特性。因此纳米半导体是非常优异的传感器材料。如它对外界环境因素(如光、热、气、液等)非常敏感,当外界环境一旦变化,其表面或界面离子价态和电子输运将发生显著的响应,因此可以利用电阻或电位的显著作为传感器件。纳米半导体传感器件一般具有响应速度快、灵敏度高、选择性优良等特点。

4.2 一维硅、锗纳米半导体

近年来,一维半导体纳米结构引起了人们的广泛研究兴趣。相对于半导体体相结构,由于纳米尺寸效应使得一维半导体具有诸多新奇有趣的性能。一维纳米主要包括纳米棒、纳米线、纳米弹簧、纳米纤维、纳米管、纳米线超晶格、纳米带及同轴纳米电缆等多种形态。一维半导体纳米结构可通过化学气相沉积(CVD)法、激光蒸发法、溶剂热合成法、热蒸发法、水热法、模板法以及自组装生长等方法制备。目前纳米线的主要机制是基于气液固(vapour-liquid-solid,VLS)机制,以及它的各种衍生方法,如,气体-固体-固体(vapour-solid-solid,VSS)和溶液-液体-固体(solution-liquid-solid,SLS)机制。由于硅、锗在半导体器件方面的广泛应用,因此一维硅、锗纳米半导体引起了人们广泛研究热情,以下将分别从其生长制备及其器件应用进行简要介绍。

4.2.1 硅纳米线

硅(Si)纳米线由于在新型电子器件、光电传感及光伏器件等方面具有重要的应用前景,引起了人们的广泛重视。当前制备 Si 纳米线的主要方法包括:激光蒸发法、热蒸发法、CVD 法及模板法等。除模板法外,基于 VLS 机制所制备的纳米线一般直径会大于 20nm,制备的纳米线也往往容易被金属催化剂污染。以下对 Si 纳米线的主要制备方法分别进行介绍。

1. *激光蒸发法*

激光蒸发法是采用掺有 Fe、Co、Ni 等催化剂的 Si 源粉放置于真空腔体,以 Ar 气等惰性气体作为保护气体,在一定温度下通过激光加热蒸发获得纳米线。激光蒸发法制备 Si 纳米线一般是基于 VLS 机制,可通过调整催化剂含量、基底温度、生长时间等工艺参数来实现纳米线直径、长度及表面结构的调控。图 4-5 为以 Fe 为催化剂的 Si 纳米线激光蒸发 VLS 生长示意图。少量 Fe 掺 Si 混合物在温度为 1207℃时将反应生成 $FeSi_2$,此后液态 $FeSi_2$ 与固态 Si 平衡共存。因此,在激光蒸发生成 Si 纳米线的过程中,首先高能量激光将 Si-Fe 蒸发成 Si、Fe 气体,惰性保护气体将其输运到低温区,在合适温度形成半融熔 $FeSi_2$ 液滴,$FeSi_2$ 液滴会不断吸收 Si,从而 Si 原子在 $FeSi_2$ 液滴形成过饱和状态,然后 Si 从液滴中析出形成纳米线,而 $FeSi_2$ 保持液态。该过程不断发生,Si 纳米线将持续生长。随着 Si 纳米线的生长,$FeSi_2$ 液滴温度将逐渐降低将凝固成 $FeSi_2$ 颗粒,Si 纳米线将停止生长,因此,一般基于 VLS 机制生长的纳米线在头部存在着合金液滴。

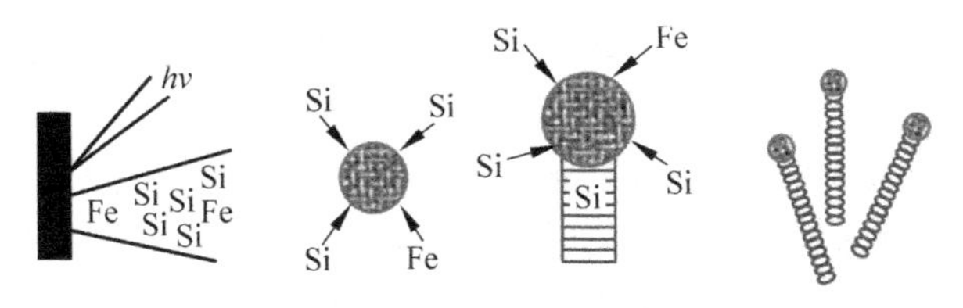

图 4-5　激光蒸发法 Si 纳米线 VLS 生长原理图

此外，以Si的氧化物作为源，采用激光蒸发也能生长出Si纳米线，原理如图4-6所示。在1000～1400℃条件下，Si氧化物首先汽化形成纳米团簇，并在衬底上开始核化，晶核内的Si重结晶并排出Si氧化物，在Si晶核外层形成无定形Si氧化物，重复这个过程，Si在纳米线形成过程不断重结晶，使得纳米线长大。

2. CVD法

采用CVD法制备Si纳米线，需要采用Au、Fe、Ni等金属催化剂，设备图如图4-7所示。CVD法制备Si纳米线的基本原理如激光法制备Si纳米线的原理基本一样，都是基于VLS机制。首先在合适衬底上沉积合适厚度的催化剂(一般10～30nm)，然后在合适气压条件下，一般为几十到几百Pa，在合适温度条件下，引入汽化硅源(硅烷或者升华汽化的Si原子)，将基于VLS机制生长出Si纳米线。纳米线的尺寸及长度，可以通过调节基底温度、催化剂厚度及生长气压等工艺参数来进行调控。为了提高Si纳米线的生长效率，等离子增强化学气相沉积(PECVD)也往往被用来生长Si纳米线。

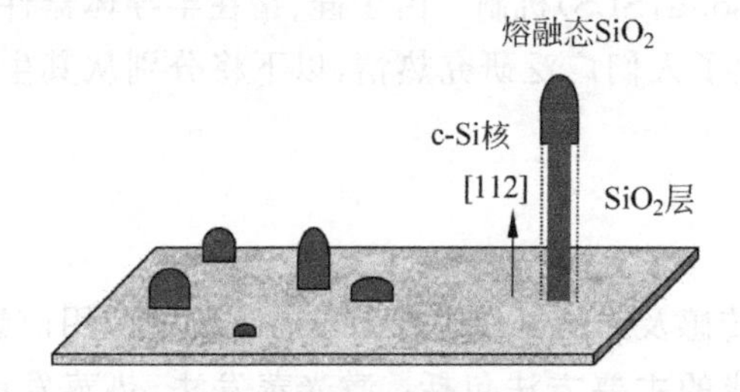

图4-6 Si纳米线的氧化物辅助生长原理示意图

图4-7 CVD设备图

而将CVD法与激光蒸发结合起来，可以进一步提升Si纳米线的生长质量，这种方法一般称为激光辅助CVD法。其生长原理一般也是基于VLS机制。

3. 热蒸发法

Si在合适蒸气压(约186Pa)条件及温度为1200℃时能直接蒸发，沉积在合适衬底上并生长出Si纳米线。该方法一般不需要催化剂，相对于激光蒸法与CVD法，工艺简单，成本低廉。该方法以Si、SiO_2及SiO粉末为硅源，可在普通管式炉中进行。通过控制温度、载气气压及组分等，可实现Si纳米线的结构调控。

4. 模板法

激光蒸发法、热蒸发法、CVD法等方法制备生长出来的纳米线一般排列无序，很难制备出有序的纳米结构，这限制了其在器件上应用。模板法基于物理与化学原理，采用模板技术控制纳米线结构、形貌、生长取向及其排列方式，可以根据设计需要生长出高度有序的Si纳米线阵列。因此，实际应用的纳米线器件一般采用模板法制备。制备Si纳米线模板有沸石、多孔氧化铝等，在模板的基础上，采用CVD、蒸发法制备出高度有序的Si纳米线。

图4-8为模板法制备Si纳米线原理图，首先在多模板一侧沉积一层催化剂，然后引入Si源(如SiH气体等)进入模板孔内，基于通过控制合适温度，基于VLS机制生长出Si纳米线。采用模板法，即使未使用催化剂，也能利用模板的限制作用生长出高质量的Si纳米线阵列。模板法制备Si纳米线相对于其他方法，具有很多优点，如生长有序、结构容易控制，可以实现大面积生长等。但是模板法工艺较复杂，成本相对较高。

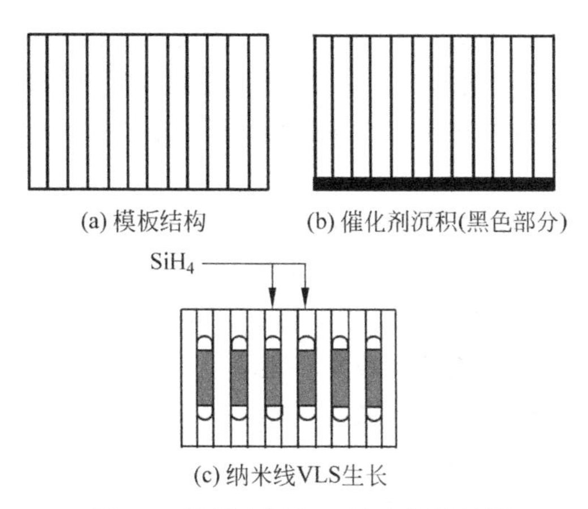

图 4-8　模板法制备 Si 纳米线原理图

5. 溶剂热合成法

采用 Si 的有机溶液，以纳米金属晶体作为催化剂，在高温高压条件下，也可以制备出较高质量的 Si 纳米线，这种方法称为溶剂热合成法。溶剂热合成法制备的纳米线容易分散，一般不含氧化物外层，质量较好。但是生长溶剂一般有毒有害，生长需要高温高压条件，污染较大，能耗较高，所以不大适合工业化生产。

4.2.2　硅纳米管

在合适条件下，硅(Si)纳米管是可以稳定存在并具有稳定的半导体带隙，因此在新型光电器件方面有重要的应用前景。在 Si 纳米管的制备与性能研究上，近年来也取得了较大的进展，已发展了多种方法来制备 Si 纳米管，如水热法、模板法、电弧法和激光蒸发法等。

4.2.3　锗纳米线

锗(Ge)为Ⅳ主族元素，为 Si 的同族元素，晶体材料为间接带隙，是一种重要的半导体材料，已被广泛应用于各类半导体器件。Ge 纳米线理论研究表明，可能是直接带隙半导体，因此将在纳电子器件及红外光电探测器具有很大的应用潜力。近年来，Ge 纳米线引起了越来越多的关注，研究表明，Ge 纳米线可用于锂离子电池、场效应晶体管、记忆阻器件、光伏电池及纳米机电系统等。以下将 Ge 纳米线的基本制备方法做一些简单介绍。

1. CVD 法

与 Si 纳米线一样，CVD 法也是生长 Ge 纳米线的一种常用生长方法，一般也是基于 VLS 机制。CVD 法是一种自下而上(bottom-up)的方法，生长的基本过程也与 Si 纳米线生长过程类似。通常首先引入气相的 Ge 前驱体($GeCl_4$、GeH_4 或 Ge_2H_6)，进入一个包覆金薄膜或者金纳米粒子的 Si 基底的系统。载气(如 H_2/Ar)被用来运输前驱物到反应位点，而且提供一个氧气自由的还原环境。在标准的 CVD 方法中的差异包含使用基底而不是 Si，使用的前驱物是可供选择的，如 GeI_4 用来合成 Ge-SiO_2 纳米管，使用更复杂的有机基前驱体去形成核-壳 Ge 纳米线。

采用 CVD 法制备 Ge 纳米线一般需加入金属催化剂，如 Fe、Au 等，图 4-9 为基于 VLS 机制的 Ge 纳米线生长原理图。含 Ge 的载气将元素 Ge 原子输运到 Au 金属液滴内，形成

Au-Ge 液态合金，随着 Ge 原子浓度不大增加，当 Ge 达到过饱和状态时，Ge 原子扩散到液-固界面晶化，并慢慢生长成 Ge 纳米线。Ge 纳米线的结构尺寸等与基底温度、催化剂、载气气压等参数密切相关，可以通过调控相关参数获得所需的 Ge 纳米线。

2. *溶剂热合成法*

溶剂热合成法制备 Ge 纳米线法与制备 Si 纳米线类似，如在温度为 275℃、压力为 10MPa 的条件下，采用金属 U 在正己烷溶剂中还原 $GeCl_4$ 和苯基 $GeCl_3$，可以制备出 Ge 纳米线，然而该方法产量小，缺陷多。溶剂热合成法一般也是基于 VLS 机制生长纳米线的，所生长出的纳米线头部往往带有金属催化剂颗粒(图 4-9)。此外，也有报道发现在常压下可制备获得 Ge 纳米线。在常压与温度为 350℃ 的条件下，在三辛基磷（TOP）溶剂中，以 Bi 纳米晶为催化剂，分解 GeI_2 可制备出单晶 Ge 纳米线。

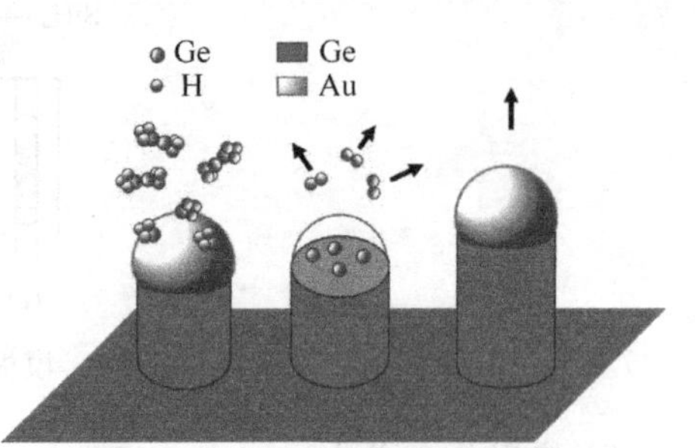

图 4-9　Ge 纳米线生长原理示意图

3. *激光蒸发法*

与 Si 纳米线一样，Ge 纳米线的激光蒸发法制备也是基于 VLS 机制。在有无催化剂条件下，都能制备出 Ge 纳米线。为了调控纳米线形貌、尺寸与长度，可以调整温度、气流速度及催化剂量等工艺参数。无催化生长 Ge 纳米线一般可以采用氧化物辅助生长方法。在生长过程中，首先 Ge 与 GeO_2 相分离形成 GeO_2 鞘层，GeO_2 鞘层饱和 Ge 晶核表面的悬挂键，通过表面自由能的限制，使得 Ge 形核生长沿着一维方向生长。

4. *模板法*

生长 Ge 纳米线的模板法中采用的模板有多种，如模多孔二氧化硅、纳米管、多孔氧化铝等。采用不同的模板，所采用的制备方法各有不同。如采用碳纳米管为模板，Ge 纳米线可通过化学替代反应制备获得。采用多孔阳极氧化铝（PAA）为模板，Ge 纳米线可通过热蒸发制备获得。

5. *其他方法*

制备 Ge 纳米线，除了以上常用方法，还包括热蒸发法、分子束外延方法（MBE）等。以上大部分方法都是基于 bottom-up 技术。除了模板法，大部分方法都是随机生长的，难以应用于器件制作。因此，为了实现器件应用，往往需要多种方法结合。例如采用模板技术设计器件结构与布局，采用 MBE 方法制备高质量的 Ge 纳米线。

4.3 一维氧化锌纳米材料

Ⅱ-Ⅵ族化合物氧化锌（ZnO）作为一种典型的直接带隙宽带（3.37eV）半导体，原料广泛、无毒无害、具有良好的光电性能等优点。已被广泛地应用于太阳能电池、表面声波器件（SAW）、液晶显示、透明电极、气敏传感器、压敏器件、紫外探测及激光器件等。

近年来，ZnO 纳米材料引起了人们的广泛关注，以形态和尺度划分，包括零维 ZnO 量子点、一维 ZnO 纳米材料（纳米棒、纳米线、纳米带等）、二维 ZnO 纳米薄膜等。相对于块体，一维纳米 ZnO 材料具有更为优良的性质，由于纳米尺寸效应，在传感探测、压电铁电、催化能源方面都表现出广泛的应用前景。当前，一维 ZnO 纳米线材料在制备方法、性能分析及器件应用等领域引起了人们的广泛研究兴趣。以下分别进行简要介绍。

4.3.1　一维氧化锌纳米材料的制备方法

一维氧化锌纳米材料制备方法根据反应过程分为物理法、化学法与综合法；按照生长机理分为气-液-固生长、溶液-液相-固相生长、位错诱导生长、气-固生长极性面诱导生长、模板辅助生长等方法；而根据反应相又分为气相法、液相法、固相法等方法。以下我们将基于反应相态分类来简要介绍一维 ZnO 纳米的制备方法。

4.3.1.1　气相法

一维 ZnO 纳米结构气相制备方法又可以分为物理气相沉积(PVD)和化学气相沉积(CVD)。PVD 法以 ZnO 粉末为原料，通过蒸发汽化，沉积生长成为一维 ZnO 纳米结构；而 CVD 法在加热汽化过程中，同时发生了化学反应，因此原料不一定是 ZnO，也可以是 Zn 粉末或者 Zn 的化合物或一些还原剂与氧化剂的混合粉末。

CVD 生长设备基本结构如图 4-10 所示，主要包括蒸发炉、反应室及气体输运装置。1、2、3 分别表示不同生成产物的不同部位及衬底放置方式。载气通常选用 Ar 或者 N_2 等较不易反应的气体。根据一维纳米结构产物不同、蒸发源通常为 Zn 粉、ZnO 粉与碳粉等还原剂或氧化剂。

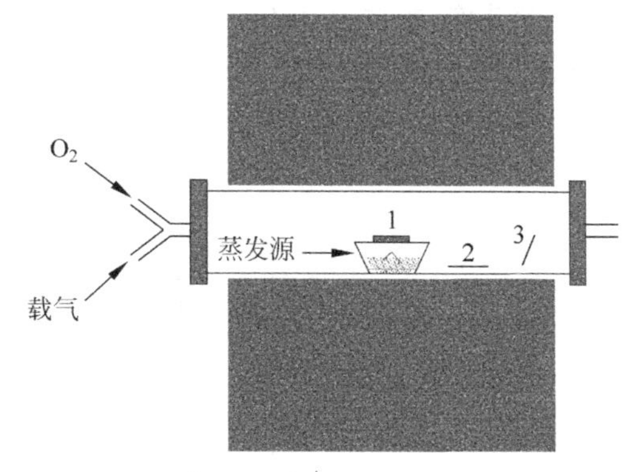

图 4-10　一维 ZnO 纳米材料气相法制备原理图

可以通过调控反应原料、催化剂、衬底、反应温度、反应气氛(载气类型、气氛分压、气体流速)、沉积温度等来调控制备纳米线、纳米棒、纳米阵列、纳米带、纳米梳以及其他各种不同形貌结构和尺度的纳米结构。

1. 蒸气反应沉积法

仅仅通过加热原料 Zn 粉、ZnO 与碳粉的混合粉末或者含 Zn 化合物，在气相的状态下通过一系列化学反应，沉积生长一维 ZnO 纳米结构。该方法可使用或不使用催化剂。

2. 碳热还原反应法

碳热还原反应法以 ZnO 和碳粉(石墨粉、活性炭粉或碳纳米管等)为原料，在合适温度和气氛条件下，通过碳的还原反应生成 Zn 蒸气，然后通过一系列化学反应沉积获得一维 ZnO 纳米结构。主要化学反应过程如下：

还原反应：

$$ZnO + C \longrightarrow Zn(g) + CO/CO_2$$

$$ZnO + CO \longrightarrow Zn(g) + CO_2$$

氧化反应：

$$Zn(l) + O_2 \longrightarrow ZnO(s)$$

$$Zn(g) + O_2 \longrightarrow ZnO(g)$$

该方法制备一维 ZnO 纳米结构，衬底一般选用 Si、Al_2O_3、石英等，为了更容易形核生长出一维纳米结构，一般采用 Au、Sn、Cu、CuO 预沉积在衬底上作为催化剂。

3. 金属有机化合物气相沉积法(metalorganic chemical vapor deposition，MOCVD)

MOCVD 法是以金属有机化合物为原料，经蒸发、反应和沉积过程制备纳米材料的重要方法之一。使用该方法制备一维 ZnO 纳米结构，一般以四乙酰丙酮络锌(zinc acetyl acetonate hydrate，$Zn(C_5H_7O_2)_2$)或二乙基锌(diethyl zinc，DE Zn，$Zn(C_2H_5)_2$)等有机锌化合物作为原料，在合适温度制备获得 ZnO 一维纳米结构，结构形貌可通过蒸发温度与气氛环境来调控。

4. 热蒸发 PVD 法

热蒸发 PVD 法采用加热的方法蒸发 ZnO 粉末沉积生长一维纳米结构材料。这种方法可使用催化剂，也可不使用催化剂。无催化剂法一般需要较高的制备温度，通常需要超过 1300℃。催化剂法需要首先在生长衬底沉积金属催化剂膜层。

5. 脉冲激光沉积(pulsed laser deposition，PLD)

PLD 法是利用高能量的脉冲激光束通过快速加热蒸发目标靶材在衬底上生长沉积纳米结构材料的一种方法，近年来已被广泛地使用于纳米材料的加工与制备，可用来制备纳米薄膜、一维纳米材料及量子点材料等。原理示意图如图 4-11 所示。采用 PLD 法制备一维 ZnO 纳米结构，靶材为 ZnO，可选用 Si、GaN、Al_2O_3 等衬底，为了获得所需的一维纳米结构，可进一步在衬底表面沉积过渡层或催化剂层。

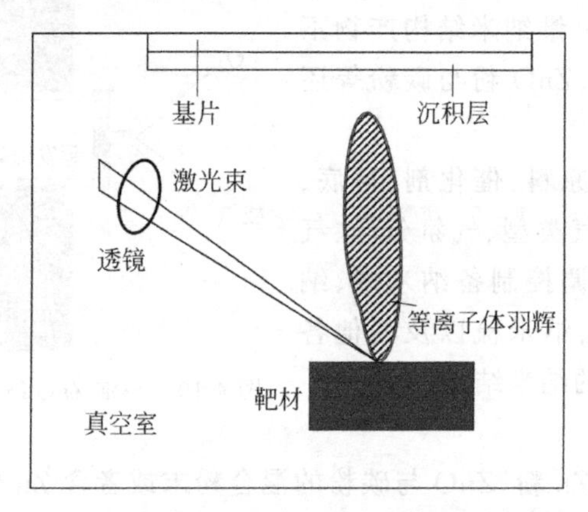

图 4-11 脉冲激光沉积法制备材料原理示意图

6. 分子束外延法(MBE)

MBE 方法作为一种高质量纳米结构的生长方法，一般需要在超高真空(10^{-8} Pa 以上)环境下，直接将 ZnO 的分子流喷涂到合适温度的衬底上得到一维 ZnO 纳米材料。采用 MBE 方法，可以通过控制组分与掺杂浓度，实现一维 ZnO 纳米异质结构的生长。

7. 射频磁控溅射法(radio frequency magnetron sputtering，RFMS)

采用射频磁控溅射法制备一维 ZnO 纳米结构，靶材为 ZnO，沉积过程一般没有化学反应，可以通过调控溅射参数，如沉积温度、时间、压力、溅射功率、电极距离等来调控一维纳米结构的相貌与尺寸。若靶材为 Zn，沉积过程需要与 O_2 发生化学反应沉积生成一维纳米结构，因此需要较高的真空度、合适的溅射能量，衬底也需要合适的温度。在一维纳米结构制备时，同时也需要采用惰性的保护气，如高纯的 Ar。

4.3.1.2 液相法

液相法是指在液相的环境下直接生成一维纳米结构的一种方法，主要包括以下几种方法。

1. 液相直接反应法

液相直接反应法一般采用含有 Zn 的不同溶剂混合，在合适的温度与压力条件下生成一维 ZnO 纳米结构。这种方法因为溶剂选择的不同，分为水热反应法、溶剂热反应法与微乳液法。可以调控溶剂、温度、压力与反应时间等来调控纳米结构的形貌与尺度。上述三种方法主要特点如下：

(1) 水热反应法(hydrothermal reaction)：水热反应法以水作为溶剂，同时也可以参与相关化学反应，此外也作为矿化剂传递压力与温度，促使溶解物质尽快进行。水热合成根据化学过程又可分水热氧化反应、水热还原反应、水热分解反应、水热沉淀反应、水热晶化反应、水热电化学反应、微波水热法、水热合成反应、超声水热法等。水热反应调控的工艺参数包括：反应物浓度及比例、反应温度与压力，反应时间等。反应物浓度、反应温度和反应时间等因素可以影响制备材料的尺寸。

(2) 溶剂热反应法：溶剂热反应法以有机溶剂替代了水，进一步扩大了水热反应的范围。

(3) 微乳液法：微乳液法将两种互不相容的溶剂通过表面活性剂形成外观透明或半透明的热力学稳定的微乳液。以此微乳液作为溶剂，从而使不同物质在液相条件下发生水热合成反应，形成纳米结构。

2. 电化学沉积法(electrochemical deposition，ECD)

采用电化学沉积法制备一维 ZnO 纳米结构，相对于溶液合成法，增加了电场辅助作用。一般采用三电极化学反应池(衬底阴极、阳极和参比电极)，电解液为锌盐水溶液，可在阴极衬底上沉积生长出一维 ZnO 纳米棒或纳米线。

3. 模板法

模板法制备一维 ZnO 纳米结构，一般以阳极氧化铝膜(anodic alumina membranes，AAMs)、碳纳米管、多孔硅、高分子聚合物模板、纳孔磷酸镍等为模板，然后可通过水热反应或溶胶-凝胶法在模板内沉积生长出一维纳米结构。为了获得更高质量的一维纳米结构，电化学辅助方法也常被采用。其中，阳极氧化的多孔氧化铝模板由于耐高温、孔洞分布均匀、孔径均一、绝缘性好且结构可控等优点，经常被广泛使用制备一维 ZnO 纳米结构。

4. 溶胶-凝胶法(Sol-gel)

溶胶-凝胶法将前驱体溶解在有机溶剂中，经缩聚和陈化过程形成凝胶，在此基础上，通过干燥、烧结等过程制备目标产物。利用该方法制备一维 ZnO 纳米材料，前驱体选用水合硝酸锌、水合醋酸锌等，溶剂选用六亚甲基四胺、乙醇等，将前驱体与溶剂通过水解(或醇解)反应形成溶胶，然后干燥溶胶，通过合适温度的热处理制备出一维 ZnO 纳米结构材料。

4.3.1.3 固相法(solid-state reaction)

利用固相法制备一维 ZnO 纳米材料时，发生反应的原料无须经过气态或液态中间过程，直接通过化学反应或热扩散生成一维 ZnO 纳米材料，主要包括以下几种方法。

1. 金属 Zn 氧化法

以金属 Zn 的前驱体(Zn 颗粒、薄膜或其纳米结构)通过氧化或氧化扩散过程,生产一维 ZnO 纳米结构。

2. ZnO 热扩散法

ZnO 热扩散法没有化学反应过程,仅需通过热扩散过程形成一维纳米结构。例如,先通过 $Zn(CH_3CO_2)_2$ 和肼($NH_2 \cdot NH_2$)的水热反应制备出 ZnO 纳米带,然后在空气气氛条件下,加热至 500℃并保温 3h,通过热扩散过程将形成多孔纳米带。将真空电弧沉积制备的 ZnO 薄膜置于平行薄膜的 10～20V/cm 的电场中,加热至 300℃退火 20min,将在薄膜表面生成 ZnO 纳米棒。

3. Zn 化合物氧化法

将亚稳的 Zn 化合物可经氧化作用生成一维 ZnO 纳米结构。如 MOVCD 法制备的 ZnSe 加热至 700℃氧化 1h,可制备出多孔结构一维 ZnO 纳米线。反应过程:$ZnSe + O_2 \longrightarrow ZnO + SeO_2$,$SeO_2$ 在 315℃气化挥发,最后剩下一维 ZnO 纳米线结构。

4. Zn 盐与 NaOH 反应法

这种方法与水热合成方法类似,但在固态条件进行,如将无水 $ZnSO_4$ 和 NaOH 混合,通过 260W 红外灯光的照射,可反应生成 ZnO 纳米棒。

5. Zn 盐分解法

采用 $ZnCl_2$、NH_4HCO_3 及十二烷基硫酸钠反应的生成 $Zn_5(CO_3)_2(OH)_6$,在 O_2 气氛下退火可分解生成 ZnO 纳米棒。

4.3.2 一维氧化锌纳米材料的应用

近年来,基于一维氧化锌纳米材料的新型器件不断被研制,如室温激光器、发光二极管、纳米传感器、纳米场效应晶体管等。相对于块体或传统薄膜 ZnO 材料,一维 ZnO 纳米材料所制备的器件表现出更优异的性能,因此也证明了新型一维 ZnO 纳米器件将在光电信息、能源及传感探测等领域具有巨大的潜在应用价值。以下分别进行介绍。

1. 光学器件

ZnO 带隙大约 3.37eV,其在室温下具有较高激子束缚能,容易形成发光中心,可作为一种优异的紫外光器件。一维纳米 ZnO 材料由于纳米尺寸效应,其发光效率远高于块体,因此被认为是一种较为理想的发光材料。

2. 电子器件

ZnO 材料在晶体器中具有重要应用,但是由于 P 型 ZnO 难以制备,限制了其在半导体器件中应用发展。一维纳米 ZnO 材料由于电子结构方面优异特性,有望实现新型纳米晶体管器件,近年来,引起了人们的广泛关注与重视。

3. 场发射器件

场发射冷阴极材料由于低能耗与高效率,在真空微电子领域具有重要的应用。一维 ZnO 纳米材料具有非常优异的场电子发射性能,具有低的开启电压,大的场发射电流与稳定发射特性等。因此,一维纳米 ZnO 材料有望作为一种优异的场发射器件材料,应用于场发射显示器、阴极射线管、电子源等方面。

4. 传感探测器件

传感探测器件在是物联网时代的核心组件，信息获取离不开传感探测器件。此外，传感探测器件也广泛应用生物医疗、环境监测及安全监控等社会领域的各个方面。一维 ZnO 纳米材料由于其大的比面积及高活性，表明它是一种理想的传感探测材料。如一维纳米 ZnO 材料较容易在其晶界与表面进行，其表面吸附的气体将在其晶界与表面发生电荷转移，从而改变材料的导电性能实现其气体探测。如一维 ZnO 纳米结构对 H_2 和碳氢化合物具有良好传感特性，因此一维纳米 ZnO 材料将在气体探测传感领域具有潜在应用。

5. 太阳能器件

基于光伏效应的太阳能电池作为可再生的绿色能源，近年来发展十分迅速。ZnO 材料已在太阳能电池电极层及过渡层具有较为广泛的应用，而一维 ZnO 纳米材料具有较大的电子迁移率，可在低温下制备，有望进一步提升电池的效率，降低电池成本，应用于新型的太阳能电池器件。

6. 压电器件

ZnO 稳定晶体结构为纤锌矿结构，为非对称晶体，具有良好的压电特性。而一维纳米 ZnO 材料由于具有极大的纵横比（如其直径不到 100nm，长度可超过数微米），将可能进一步放大其压电效应。美国佐治亚理工学院的王中林小组已成功利用一维纳米 ZnO 的压电效应，实现具有一定输出功率的纳米发电机。纳米压电的相关原理已逐步发展成为压电电子学。基于一维纳米 ZnO 压电器件可通过微小运动实现机械能与电能的转换，实现微纳自发电器件，有望解决可穿戴设备的供电问题，将是纳米技术发展史上的一个重要突破，也将对纳机电系统（NEMS）的应用发展产生深远的影响。

4.4 碳纳米管

碳纳米管（carbon nanotubes，CNTs）又称巴基管（buckytube），属富勒碳系。1991 年，日本科学家饭岛澄男（Sumio Iijima）在用石墨电弧法制备 C_{60} 的过程中意外地发现了这种多层管状富勒碳结构，并首次提出了碳纳米管概念和结构，推动了此后碳纳米管研究的蓬勃发展。碳纳米管随管壁曲卷结构不同而呈现出迥异的力学性质和电学性质，在介观领域和纳米电子学器件及其集成等方面有着十分重要的应用前景。因此，本节将对碳纳米管的结构、性质、制备方法以及表征技术进行简要地介绍。

4.4.1 碳纳米管的结构

碳纳米管中的碳原子以 sp^2 杂化为主，混合有 sp^3 杂化，形成具有六角形网格的空间拓扑结构。一般碳纳米管的直径在纳米量级，而长度则可达数微米至数毫米，长径比很大，是准一维的量子线。

1. 石墨烯片卷曲成碳纳米管

碳纳米管可以看作由二维石墨烯片按图 4-12(a)的方式卷曲而成。石墨片卷曲的方向由如下矢量定义：

$$\boldsymbol{C}_h = n\boldsymbol{a}_1 + m\boldsymbol{a}_2$$

其中，$\boldsymbol{C}_h$ 称为手性矢量，n 和 m 为整数且满足 $0 \leqslant |m| \leqslant n$，$\boldsymbol{a}_1$ 和 $\boldsymbol{a}_2$ 为石墨层晶体的单胞基

矢，相互间的夹角为 60°，其长度均为$|\boldsymbol{a}_1|=|\boldsymbol{a}_2|=0.2461\text{nm}$，其中$=0.1421\text{nm}$为 C—C 共价键的长度。平移矢量 $\boldsymbol{T}$ 是沿碳纳米管轴向重复碳纳米管单胞的最短距离，如图 4-12(a)所示，可以表示为

$$\boldsymbol{T}=\frac{2t_1+t_2}{d_R}\boldsymbol{a}_2-\frac{2t_2+t_1}{\mathrm{d}R}\boldsymbol{a}_1$$

其中，t_1，t_2 可用(n,m)表示为，其中 d_R 是$(2n+m,2m+n)$的最大公约数。波矢 $\boldsymbol{C}_h$ 和 $\boldsymbol{T}$ 所包围成的矩形构成碳纳米管的单胞。将图 4-12(a)中虚线所围部分沿手性矢量 $\boldsymbol{C}_h$ 卷曲使其首尾相接，形成一个无缝对接的圆柱管，即单壁碳纳米管(图 4-12(b))。

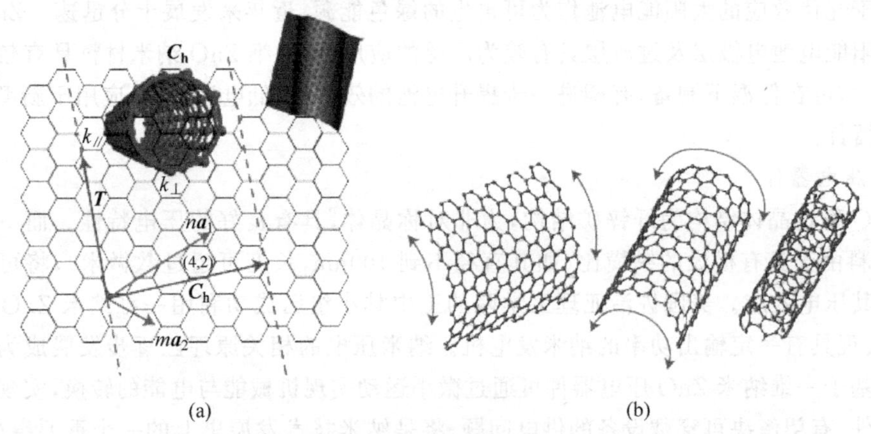

图 4-12 由石墨烯片层映射到碳纳米管的示意图(a)和单壁碳纳米管的卷积过程(b)

2. *碳纳米管的结构类型*

碳纳米管的结构可以完全由(n,m)这一整数来表征，(n,m)称为碳纳米管的手性。当 $m=n$ 时，即为(n,n)型管，因管子横截面碳原子环的形状呈现扶手椅形(如图 4-13(a)所示)，此类管称为扶手椅型碳纳米管(armchair)；当 $m\neq n$ 且 $m=0$ 时，即为$(n,0)$型管，因管子横截面碳原子环的形状呈现锯齿形(如图 4-13(b)所示)，此类管称为锯齿型碳纳米管(zigzag)；而其他管子(当 $m\neq n$ 时)则像是乙炔结构碳原子链绕其管轴螺旋盘绕而成(如图 4-13(c)所示)，因而称为螺旋型管(helix)。由于前两类管子具有关于过原点的镜面对称性，也称为非手性型碳纳米管(chiral)，而后者称为手性碳纳米管(achiral)。

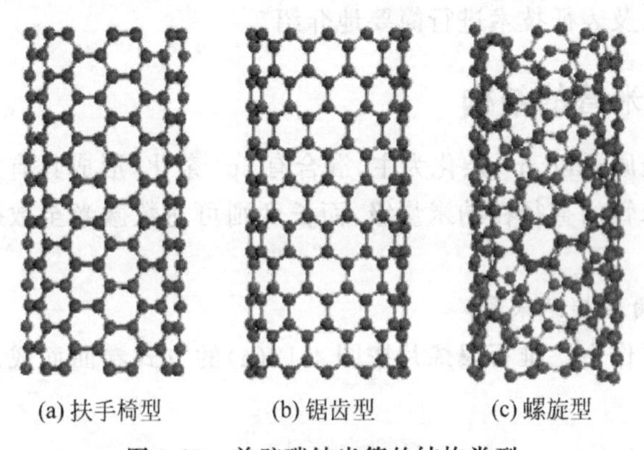

图 4-13 单壁碳纳米管的结构类型

4.4.2 碳纳米管的性质

碳纳米管的性质依赖管的结构。根据结构不同，碳纳米管的性质可以从高硬度变到高韧性，从全吸光变到全透光，从绝热变到良导热以及从绝缘体变到半导体、高导体和高临界温度的超导体等。

1. 碳纳米管的力学性能

碳纳米管是一种新型的“超级纤维”材料，杨氏模量和剪切模量可与金刚石媲美，强度是钢的100倍，而密度却只有钢的1/6。碳纳米管非常好的力学性能是由其本身结构所决定的。上面说了，除了管身弯曲部位和管端口封顶的半球帽形部位含有一些五边形和七边形的碳环结构，整个碳纳米管基本由六边形碳环构成。每个碳原子与三个近邻原子通过 sp^2 杂化方式共价成键，成键性质类似于石墨中同一原子平面的C—C键。碳纳米管的强度就是由C—C键的强度所决定，而C—C共价键可以说是自然界中最稳定的化学键，所以碳纳米管具有非常好的力学性能也不足为奇了。表4-1给出了不同长度、外径和内径的单根碳纳米管杨氏模量的测试结果，可以看到碳纳米管的杨氏模量在0.40TPa到4.15TPa变化，而平均杨氏模量高达1.8TPa。

表4-1 单根碳纳米管杨氏模量的测试结果

碳纳米管	长度/m	外径/nm	内径/nm	杨氏模量/TPa
1	1.17	5.6	2.3	1.06
2	3.11	7.3	2.0	0.91
3	5.81	24.8	6.6	0.59
4	2.65	11.9	2.0	1.06
5	1.73	7.0	2.3	2.58
6	1.53	6.6	2.3	3.11
7	2.04	7.0	3.0	1.91
8	1.43	6.6	3.3	4.15
9	0.66	7.0	3.3	0.42
10	1.32	9.9	3.0	0.40
11	5.10	8.4	1.0	3.70

2. 碳纳米管的电学性能

碳纳米管的导电性能取决于其管径和管壁的螺旋角，即手性指数。手性指数不同的碳纳米管有的是半导体性，也能是金属性。利用紧束缚模型计算的碳纳米管的能带结构显示，当管轴方向平行于C—C键时，构成碳纳米管一个周长的六元环结构的单元数能够被3整除，碳纳米管为金属性，否则为半导体。由于结构的变化，即使在同一根碳纳米管上的不同部位也可以呈现出不同的导电性。

碳纳米管是一种一维材料，电子沿管径向方向的运动受限，表现出量子限域效应；而沿轴向的运动是自由的，具有连续的电子能量态密度。电子在碳纳米管上的运动表现出量子传输的特性，因此具有与常规电阻材料不同的性质。例如，无缺陷金属性碳纳米管是一种弹道式导体，电导性能优良，电阻和其长度及直径无关，电子通过碳纳米管时不会产生焦耳热。也就是说，电子在碳纳米管中的传输能量损失极其微小，如同光信号在光学纤维电缆中传输一样。另外,低温下的库仑阻塞效应也是金属性的碳纳米管的一个显著特征。把碳纳米管当作电容器,当外电子注入这电容器时,产生的与电容值成反比的反向电压。碳纳米管电容值很小,所以只要注入1个电子,产生的反向电压就会阻断电路。当被注入的电子穿过碳纳米管后,反向阻断电压随之消失,又可以继续注入电子。

4.4.3 碳纳米管的制备

最早的碳纳米管是在石墨电弧法制备富勒烯的产物中发现的,经过二十多年的发展,目前制备碳纳米管的方法多种多样,如石墨电弧法、激光蒸发法、化学气相沉积法、热解聚合物法、微孔模板法、电解合成法、溶液法、离子辐射法、等离子体法、火焰法等,其中石墨电弧法、激光蒸发法、化学气相沉积法是目前碳纳米管主要的制备方法。

1. *石墨电弧法*

石墨电弧法成本较低,具有大规模制备碳纳米管的潜力,是生产碳纳米管重要方法。图4-14给出了石墨电弧法的工艺简图。制备时,首先在真空室中充入一定量的惰性气体、液氮或者水,石墨阳极选择较细的石墨棒,石墨阴极选择较粗的石墨棒,通电后阳极石墨棒在电弧产生的高温下蒸发,产生的碳原子气体沉积到石墨阴极上,碳纳米管包含在沉积物中。在石墨阳极中阳极中掺杂不同的金属催化剂(如铁、钴、镍等),制出的碳纳米管石墨化程度会提高,管壁平直,结构完美。这种方法称为电弧催化法,常用来制备单壁碳纳米管。使用电弧催化法的缺点是制备出的产物纯度偏低,这是因为在制备过程中引入了催化颗粒、石墨碎片以及各种富勒烯等新的杂质。惰性气体的压力及电弧放电时电流的大小是影响电弧法制备碳纳米管产率和纯度的主要因素。过高的电流会使碳纳米管烧结成束,甚至变成坚硬的碳层。一般地,保持稳定电弧的情况下,电流越小越好,与此同时,增加惰性气体的也有助于提高碳纳米管的产量和纯度。

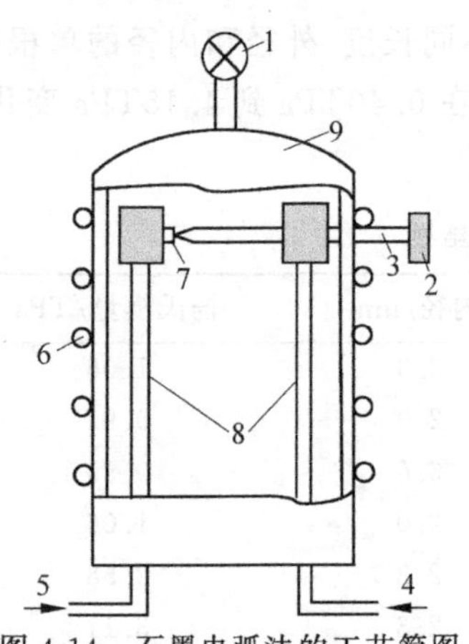

图4-14 石墨电弧法的工艺简图
1—真空计;2—进料系统;3—石墨阳极;4—接真空泵;5—惰性气体;6—水冷系统;7—石墨阴极;8—冷却循环系统;9—真空泵

2. *激光蒸发法*

激光蒸发法是早期制备碳纳米管晶体管器件的常用方法。它和电弧法一样,也是通过沉积汽化的碳原子来合成碳纳米管。但不同于利用电弧高温产生碳原子气体,激光蒸发法是在预先加热到高温的石墨靶材表面照射激光,产生超过高温炉的温度,使靶材蒸发成碳蒸气,形成的碳蒸气在水冷的反应器表面凝聚,产生碳纳米管。采用激光蒸发法制备的纳米管会因为范德华力而聚在一起形成胶束,进一步处理后可得更高的纯度。这种方法通常用来生长具有较窄直径分布的单壁碳纳米管。对设备或者靶材设置的改进或在常用实验设备上进行实验工艺的优化可以提高激光蒸发法制备单壁碳纳米管的产量。在靶材中加入金属催化剂(如钴-镍混合物)和石墨复合物可提高碳纳米管产出率。激光蒸发法实验工艺对碳纳米管的产量因素影响很多,包括激光束的强度、催化剂组成、环境温度、惰性气体的种类及流速、脉冲的频率及间隔时间等。与电弧法相比,激光蒸发法中控制碳纳米管的生长环境比较容易,产物上的覆盖物较少且生产单壁碳纳米管的产率较高,但成本高,产物夹杂多,分离提纯困难。

3. 化学气相沉积

化学气相沉积法弥补了电弧法和激光蒸发法产量偏低的缺陷，制备碳纳米管的效率高，是最有可能实现碳纳米管大量制备的有效方法。与电弧法中使用单质碳作为碳源不同，化学气相沉积法使用的碳源是在催化剂作用下将含碳气体或液体（如乙炔、乙烯、甲烷、苯、乙醇、一氧化碳等）等材料在高温（500～1300℃）下或者直接催化分解得到的含铁、钴或镍的含碳化合物。得到碳源后，以过渡金属催化剂的纳米级颗粒作为“种子”生长碳纳米管。常用作化学气相沉积法生长碳纳米管的催化剂有过渡金属元素及其化合物，过渡金属铁、钴和镍单质或它们一种或几种物质的化合物。这是因为过渡金属元素形成碳化物时的自由能变化接近零，碳原子与这些金属原子结合或分开时能量变化很小，在碳纳米管生长过程中，碳在催化剂颗粒内部扩散以及从催化剂颗粒内析出时所需要的能量变化很小，因而提供了有利于气相生长碳纳米管的基本动力学条件。

目前化学气相沉积法装置主要可以分为固定催化床，沸腾催化床，喷淋催化床和双温区流动催化床这 4 类。

固定催化床反应是最初的化学气相沉积法反应装置，装置示意图如图 4-15 所示。其具体工艺是：对催化剂进行活化处理后，在一定温度（500～1300℃）下，通入一定比例的含碳气体（如甲烷、乙炔、苯等）与载气（通常为氩气）。含碳气体在过渡金属铁、钴、镍等催化剂作用下进行催化分解，经过扩散和析出，生长出碳纳米管。

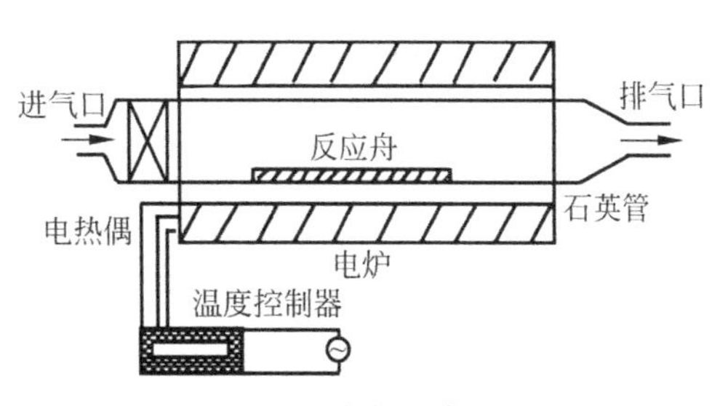

图 4-15　固定催化床示意图

在固定催化床反应装置中，反应气体与催化剂接触面小，产量较低。为了充分利用催化剂，将固定床改成图 4-16 所示的立式沸腾催化床。催化剂颗粒被放置在气体分散板上，在通气时被流过的气体吹散并保持在气流中，随气流一起进入反应室，类似于液体的沸腾状态。在沸腾催化床中，催化剂颗粒一直保持运动状态，不易聚集成大颗粒，能够长时间保证催化活性。运动状态下的催化剂颗粒相互之间发生弹性碰撞，会将生成的碳纳米管从其表面抖落，所以产物中开口纳米管的密度更高。不过，沸腾催化床是批量非连续化合成，会有大量未经反应的反应气体被排除排出，因此产率低，成本也较高，并且制备的产物有大量催化剂颗粒残余。

图 4-17 所示的喷淋催化床适合使用液态碳源和催化剂的化学沉积法。和前面两种催化床不同，喷淋催化床是将催化剂溶解在碳源中作为整体一起喷洒到反应炉内，反应产物和未反应的原料主要聚集在底端的收集管内。利用喷淋催化床时，只要上端进料口和下端排气口持续不断地开通，就能够连续地制备大量碳纳米管。但是，喷洒过程中催化剂和碳源混合物在炉内停留时间较短，许多原料还没来得及充分接触反应就被当作废气排出，原料利用率较低。另外，由于喷洒的催化剂活性颗粒分布不均，尺寸不一，很多催化颗粒没有处在催化活性区，因此产物中碳纳米管所占比例少，常有大量炭黑生成。

图 4-18 给出的是适用于气相催化化学气相沉积法的双温区流动催化床。金属有机化合物是气相催化化学气相沉积法的常用催化剂。制备材料时，通过载气把处于高温气态下的金属有机化合物与碳源气体一起送入反应炉，在气相反应中生成碳纳米管。由于反应在

气相下进行，催化剂和反应气体能够充分接触，所以气相催化化学气相沉积法中的催化剂利用率较高。同时，双温区流动催化床与喷淋催化床一样，催化剂和碳源混在一起同时进入反应室，只要保证进出两个端口不断通气就能让反应连续进行。不足的是将催化剂转为气态提高了对反应设备的要求。

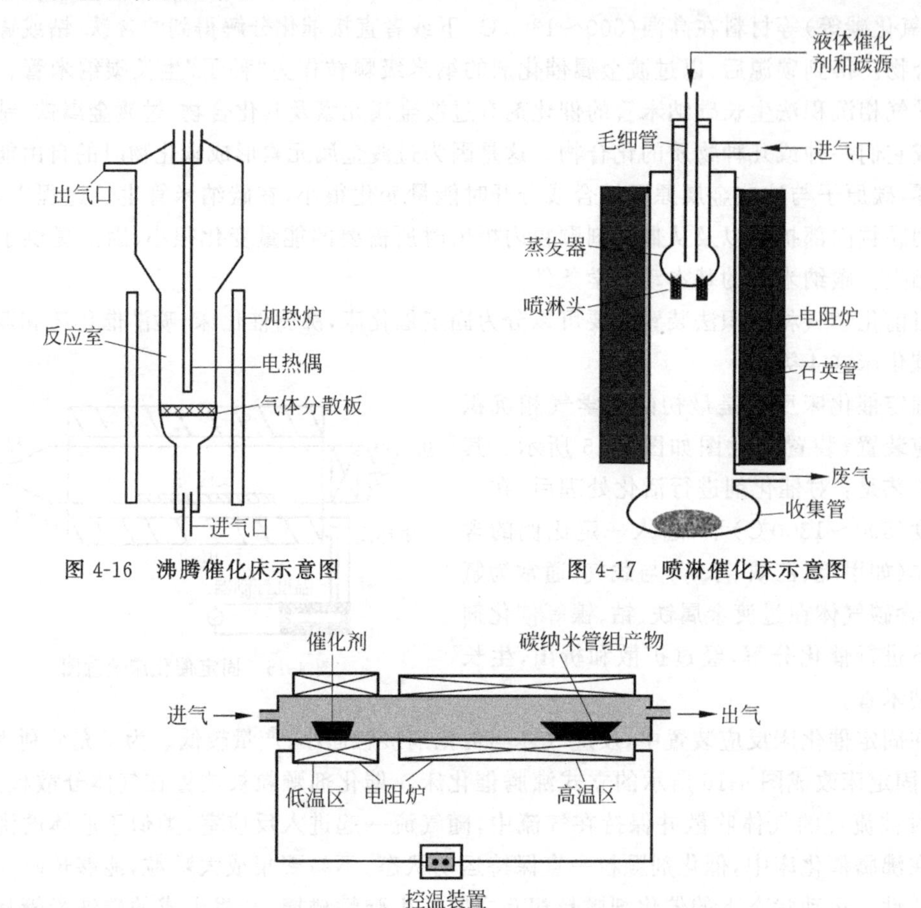

图 4-16 沸腾催化床示意图

图 4-17 喷淋催化床示意图

图 4-18 双温区流动催化床示意图

化学气相沉积法是最有可能实现碳纳米管大量制备的有效方法，具有很重要的实际意义。与电弧法和激光蒸发法相比，化学气相沉积法不需要蒸发高熔点固体，具有反应温度较低，条件温和，设备简单，一般不需要其他辅助系统，产量大，更容易实现连续化，产物收集方便，设备稳定可靠等优点。但是，化学气相沉淀法制备碳纳米管的反应条件较为苛刻，需对反应温度、催化剂及气体流量比进行优化；而且制备的多壁碳纳米管结晶度不高，存在许多缺陷，产物石墨化程度不如前两种方法制备的碳纳米管。

4. 热解聚合物法

热解聚合物法是通过热解某种聚合物或聚乙烯、有机金属化合物得到碳纳米管的另一途径。例如，在 400℃空气气氛下把柠檬酸和甘醇聚酯化作用得到的聚合物热处理 8h，然后冷却到室温，得到碳纳米管；在 420～450℃温度下于 H_2 气氛中用金属镍作为催化剂，热解粒状的聚乙烯，合成了碳纳米管；在 900℃温度下于 Ar 和 H_2 气氛中，热解二茂铁、二茂镍、二茂钴，也得到了碳纳米管，这些金属化合物热解后不仅提供了碳源，而且同时也提供了催化剂颗粒。热处理温度是形成碳纳米管的关键因素,聚合物的分解可能产生碳悬键并导致碳的重组从而形成碳纳米管。

4.4.4 碳纳米管的纯化方法

碳纳米管的纯化是指通过物理或化学手段消除电弧法、激光蒸发法和化学气相沉积法所制备碳纳米管中的杂质的过程。在前面的介绍中已经提到,碳纳米管的生长过程中不可避免地会存在诸如无定形碳、碳纳米颗粒、金属催化剂颗粒等杂质。为了不让这些杂质影响碳纳米管的应用性能,需要对制备的产物做进一步的纯化处理。纯化方法分为物理纯化法和化学纯化法两大类。在实际中,需要针对粗产物所含杂质的种类及碳纳米管的结构采取合理的纯化方法。物理纯化法对碳纳米管的结构破坏较小,是纯化单壁碳纳米管的行之有效的方法。化学纯化碳纳米管的方法对碳纳米管的结构破坏性强,如果能控制好时间、温度、酸的比例及浓度等影响因素则可以达到很好的纯化效果。

4.4.5 碳纳米管的应用

碳纳米管的力学性质和电学性质独特,在场致发射、纳米电子器件、纳米机械、复合增强材料、储氢材料等众多领域取得了广泛应用。

1. 场致发射材料

碳纳米管的尖端曲率半径仅为纳米级别,在相对较低的电压下就能发射大量电子。优异的场发射性能使碳纳米管可用于制作平面显示装置、微波放大器、真空电源开关及制版技术等。

2. 纳米电子器件

碳纳米管优良的电导性质以及独特的量子传输特性在纳米电子学器件中具有重要的应用前景。例如,2000 年制造的第一个碳纳米管晶体管阵列,每个晶体管的大小只有当时硅晶体管的 1/500,让集成电路的尺寸降低了两个数量级。而利用纳米管的毛细管作用,往管中填入液态金属,制成纳米金属线,有望推动微电子器件进入纳米电子器件时代。

3. 纳米机械

美国已经制成了纳米秤。纳米秤与悬挂的钟摆相似,通过测量振动频率,可以测出黏结在悬壁梁一端的微小颗粒的质量,它是目前世界上最敏感的和最小的量器。此纳米秤将可以用来衡量大生物分子的质量和生物颗粒,例如病毒,还可能导致一种纳米质谱仪的产生。

碳纳米管作为探针型电子显微镜等的探针,是碳纳米管最接近商业化的应用之一。碳纳米管纳米级的直径使其制备的显微镜探针比传统的 Si 或 Si_3N_4 金字塔形状的针尖分辨率更高;碳纳米管具有较大的长径比,比传统的金字塔形状的针尖探测深度高,可以探测狭缝和深层次的特性。另外,碳纳米管弹性弯曲性好,可以避免损坏样品及探针针尖。如果对碳纳米管的顶部有选择性地进行化学修饰,则可以制备分析有机和生物样品官能团的探针针尖。用碳纳米管制备的原子力显微镜探针在不破坏生物大分子的条件下,可得到较高分辨率的生物大分子照片,这对于研究生物薄膜、细胞结构和疾病诊断有非常重要的意义。

4. 碳纳米管复合材料

由于碳纳米管具有优良的电学和力学性能,被认为是复合材料的理想添加相。碳纳米管作为加强相和导电相,在纳米复合材料领域有着巨大的应用潜力。碳纳米管聚合物复合材料是第一个已得到工业应用的碳纳米管复合材料。由于添加了电导性能优异的碳纳米管,使得绝缘的聚合物获得了优良的导电性能。根据基体聚合物的不同,通常3%～5%加载量即可获得消除静电堆积的效果。实验表明,2%碳纳米管的添加量可达到添加15%碳粉及添加8%不锈钢丝的导电效果。由于低的加入量及纳米级的尺寸,聚合物在取得良好的导电性能时不会降低聚合物机械及其他性能,并适合于薄壁塑料件的注塑成型。这种导电聚合物(塑料)已用于汽车燃料输送系统、燃料过滤器、半导体芯片和计算机读写头等要求防静电器件的内包装、汽车导电塑料零部件的制造等领域,并已取得很好的效果。特别是在汽车导电塑料零部件的制造方面,比传统制造工艺有明显的优势;在简化工艺流程、产品表面光洁度、彩色油漆静电喷涂方面都达到了理想的效果,是静电喷涂技术的发展方向。

5. 储氢材料

氢能量蕴含值高,不污染环境,资源丰富,被认为是未来理想的能源,但由于氢气存储困难,其使用受到了很大限制。目前氢气存储方法主要有金属氢化物、液化、高压储氢及有机氢化物储氢等,它们各自虽有一定优势,但均存在一些弊端。例如,金属氢化物不但昂贵而且很重,高压储氢安全性受到影响。然而碳纳米管由于具有独特的纳米级尺寸、中空结构和更大的比表面积等特点,使其成为最有潜力的储氢材料,有望推动和促进氢能利用,特别是有望推动氢能燃料电池汽车的早日实现。

6. 锂离子电池电极材料

目前,应用意义重大的锂离子电池正朝高能量密度方向发展,这就必须要找一种合适的电极材料,使得电池具有足够高的锂嵌入量和很好的锂脱嵌可逆性,以保证电池具有高电压、大容量和长循环寿命。碳纳米管的特殊结构使它可能成为一种优良的锂离子电池负极材料。其大的层间距使锂离子更容易嵌入脱出,筒状结构在多次充放电循环后不会塌陷,可以大大提高锂离子电池的性能和寿命。

7. 超级电容器电极材料

超级电容器(supercapacitor)是一种新型的电容器、既具有极大的比电容,又具有高的比功率,长的循环使用寿命。因此超级电容器在移动通信、信息技术、电动汽车、航空航天和国防科技等方面将具有极其重要和广阔的应用前景。目前对于超级电容器的研究,围绕着开发在各种电解液中具有高比电容的电极材料。目前电极材料主要采用活性炭或金属氧化物,在相同的电极面积的情况下,后者的比电容是前者的10～100倍,但前者瞬间大电流放电的功率特性(功率密度)好于后者。因此,科学家们力求寻找一种电极材料使得复合电容器同时具有较高的能量和功率密度。碳纳米管有望取代活性炭作为电极材料,同时实现较高的能量和功率密度。

8. 催化剂材料

碳纳米管的量子效应使其具有特异性催化和光催化等性质,使人们对其在催化化学中的应用产生极大兴趣。由于碳纳米管具有独特的电子、孔腔结构和吸附性能等,在催化方面主要用作催化剂载体,在加氢、脱氢和择形催化反应中显示出很大的应用潜力。碳纳米管一旦在催化化学上获得应用,就能极大地提高反应的活性和选择性,有望产生巨大的经济效益。

9. 特殊吸附材料

水中有很多微量的重金属元素或有机物对人体非常有害，常规的吸收剂很难满足要求，碳纳米管优良的吸附能力为这一领域提供了新的前景。碳纳米管优良的吸附能力使其可以成为良好的微污染吸附剂，在环境保护中将有极大的应用前景。

10. 吸波材料

碳纳米管有优良的吸波性能，同时具有质量轻、兼容性好、吸波频带宽等特点，是新一代最具发展潜力的吸波材料。

4.4.6　表征技术

原子力显微镜(AFM)、扫描电子显微镜(SEM)和拉曼光谱(Raman spectroscopy)是三种最有效的碳纳米管常规表征技术，可用来在产物中寻找碳纳米管以及表征纳米管的结构。

AFM 和 SEM 可给出碳纳米管基底表面上的可视化图像。具有纳米尺度空间分辨率的标准 AFM 和 SEM 能够识别出独立的碳纳米管并得到足够精度的结构表征。实际中，AFM 和 SEM 提供互补的碳纳米管信息：SEM 扫描范围大，能够迅速表征出在基低表面上的纳米管，然而受充电效应等限制无法得到碳纳米管的精确直径(尤其是直径小于 5nm 时)；AFM 扫描范围小，很难捕捉到碳纳米管的位置，但能够通过测量高度得到碳纳米管的精确直径，是给出孤立碳纳米管直径分布的最好方法。图 4-19 为碳纳米管的 SEM 和 TEM 图。

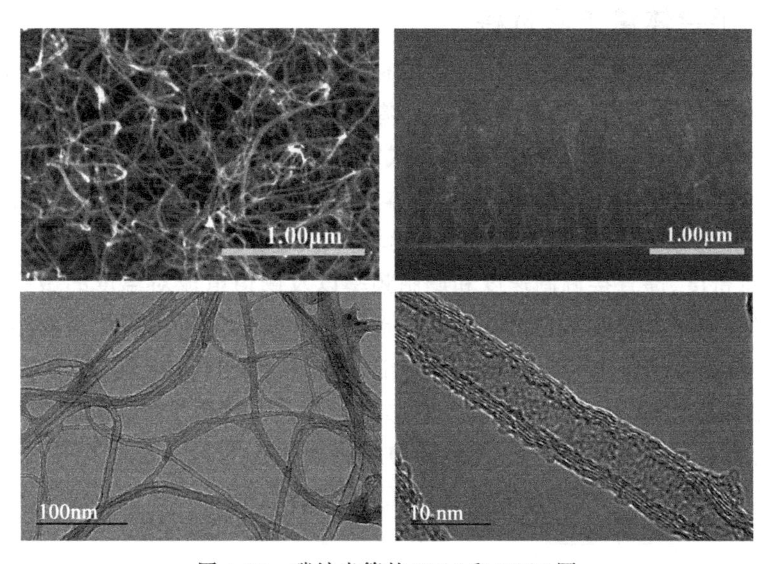

图 4-19　碳纳米管的 SEM 和 TEM 图

拉曼光谱是通过材料在基底表面晶格振动的特征峰来识别碳纳米管。由于标准拉曼光谱仪的光斑在微米级别，因此拉曼光谱通常只用来鉴别碳纳米管是否存在，而不能用来明确确定碳纳米管的密度或者质量。不过，拉曼光谱可以探测一堆碳纳米管的整体性质，给出样品纯度的定性分析，判断这些纳米管是以金属性为主还是以半导体性为主。当然，拉曼光谱同样可以探测独立碳管的纯度和电学特征。

除了上述三种表征方法以外，各种先进的技术也被用于获得更多的电学-物理特性信息。透射电子显微镜(TEM)是确定碳纳米管尺寸最为精确的方法,在确定多壁碳纳米管的层数以及检查可见的结构缺陷方面尤其有用,也常用来表征碳纳米管尺寸和结构,只是碳纳米管样品的准备和处理比较复杂。高分辨扫描隧道显微镜(STM)则可以在原子尺度分辨率上给出单壁碳纳米管的可视化图像,从而精确地确定碳纳米管的手性。手性是碳纳米管唯一的特性,它可以决定纳米管的确切直径,同时也可以利用它对碳纳米管所有固态性质进行精确理论计算。光谱方法是另一类更加常规但不够精确的表征单壁嵌纳米管手性的手段,而 X 射线光电子能谱(XPS)则通常用于探测生长反应过程之前、过程之中以及生长之后基底表面的性质变化,阐明其表面科学和生长机制,但不够灵活。

4.5 其他半导体量子材料

1970 年提出的超晶格概念,带动了低维半导体材料研究的迅速发展,将半导体器件的设计与制造从“杂质工程”推动到了“能带工程”。对半导体中电子的量子效应研究曾以超薄层结构为中心。近年来,先进制造技术和微细加工技术发展迅速,制备低维量子结构的半导体材料,对半导体中的电子加以二维或三维限定已成为可能。半导体量子点和量子线材料蕴藏着许多新的物理信息和可资利用的功能,成为当今基础研究与应用研究的热点。本节内容将介绍半导体量子点和量子线材料的制备、应用以及发展趋势。

4.5.1 半导体量子点材料

尺寸大小在三个维度上都是纳米量级的材料称为量子点材料(QD)。量子点材料是一种团簇,物理行为与原子相似,它的电子在所有方向的运动都受限制,只能处于一系列离散的能级,因此量子点材料又被称为零维材料或“人造原子”。

半导体量子点材料在激光器、单电子晶体管、探测器和光存储器等方面已有广泛应用,是侦察、探测、通信等电子装备微型化的关键材料。用量子点材料制作的激光器具有高增益、低阈值电流密度、高直接调制速度和调制频率以及阈值电流对温度的敏感性差等特性。半导量子点材料电子态密度呈现出一系列线形状。如果量子点相邻能级相距较远,只要从最高的价带能级激发两个电子到最低的导带能级,就达到粒子数反转,而对量子阱则需要考虑整个子带的填充,因此量子点激光器具有比二维量子阱激光器更优越的性能。

量子点的制备技术是在图 4-20 所示的薄膜生长工艺的基础之上发展起来的。薄膜生长有层状生长、岛状生长以及混合生长三种经典模式。

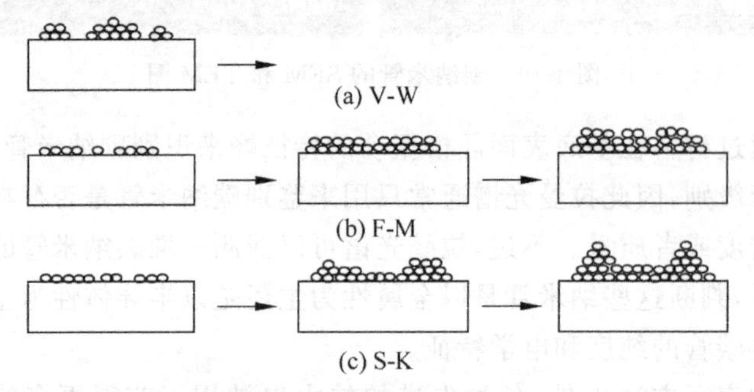

图 4-20 薄膜生长的三种模式

(1) 层状生长(frank-van der merwe,F-M)模式。F-M 模式是二维(2D)生长模式。薄膜生长过程以单层开始,然后逐层生长(layer by layer,LBL)。第一层的晶向基本上决定了生长薄膜的晶向。若是异质外延,生长薄膜与衬底间或多或少存在晶格失配,会产生薄膜的应力。

(2) 岛状生长(volmer-weber,V-W)模式。V-W 模式是纯三维(3D)生长模式。在这种模式下,原子首先沉积在裸露的衬底表面,逐步形成小岛。在反应的过程中,衬底表面上形成的原子岛可能同时增长,也可能部分分解成单个原子,还可能在形成薄膜前在大范围内进行重新排列,引起粗变化。生长膜的晶向在生长过程中不能很快确定。

(3) 混合生长(stranski-krastanov,S-K)模式。S-K 模式是二维和三维(2D-3D)混合模式,由层状生长与岛状生长混合组成。这种模式一般开始为层状生长,之后,在一层或若干生长层之上再进行岛状生长。

半导体量子点主要有以下 5 种制备方法:

(1) 化学溶胶法(chemical colloidal method)。采用化学溶胶方式合成,可制作多层(multilayered)量子点,工艺简单,可大规模生产。

(2) 自组装法(self-assembly method)。利用化学气相沉积或分子束外延(MBE)方法,在合适基底上,可实现量子点自组织形核生长。

(3) 蚀刻法(lithography and etching)。采用激光、离子束或电子束,利用图案模板,直接刻蚀生长出量子点。

(4) 分闸法(split-gate approach)。在外加电场作用下,通过电场调制的方式,在二维电子势阱表面产生所需形状与大小的量子点。

(5) S-K 生长模式自组织生长。自组织法与传统器件工艺技术兼容,生长的量子点具有优越的光学特性,是现在最为重要的量子点制备手段。当构成量子点的两种材料晶格失配较大时,可利用 S-K 生长模式自组织生长。这种模式下,3D 岛可以原位自组织生长,并能形成一种均匀的表面形貌,避免了非原位生长方法对界面带来的损伤。这是目前最为成功的一项制备量子点材料的技术。

应变型纳米量子点的 S-K 生长模式自组装生长过程如下:

(1) 基底上外延层的生长。外延层很薄,导致其为未定平面(层)状生长。由于其与基底之间的晶格失配使外延层发生弹性畸变,晶格表现赝周期结构生长。

(2) 随着外延层厚度增加,晶体内部弹性畸变不断变大,当超过某一阈值后,二维的层状晶体会瞬间坍塌,仅在基底表面存留一薄层生长层(浸润层),其余部分在表面能、界面能和畸变能的共同作用下,为使系统的能量最小,在浸润层表面上自聚集生长形成纳米尺度的三维无位错晶体"小岛"(量子点)。由于量子点生成是自发进行的,因此被称为自动组装生长。

(3) 量子点形成后,若再用一种带隙较宽的半导体材料将量子点包覆,形成类似"葡萄干"分层夹馅饼干结构。该复合量子点的电子(或空穴)载流子由于包覆材料的高能量势垒限制作用,仅能局域于量子点内,则形成应变型自组装量子点结构。

图 4-21 展示了利用自组装技术在砷化镓(GaAs)衬底上生长的砷化铟量子点。Ⅲ-Ⅴ族半导体 InAs 的能隙较窄,加入微量的镓成分($In_xGa_{1-x}As$,$0\leqslant x\leqslant 1$),能隙的大小与 x 值相关,可用来调节材料能隙,制备的纳米尺寸 InAs 量子点材料可进一步用来制作波长在

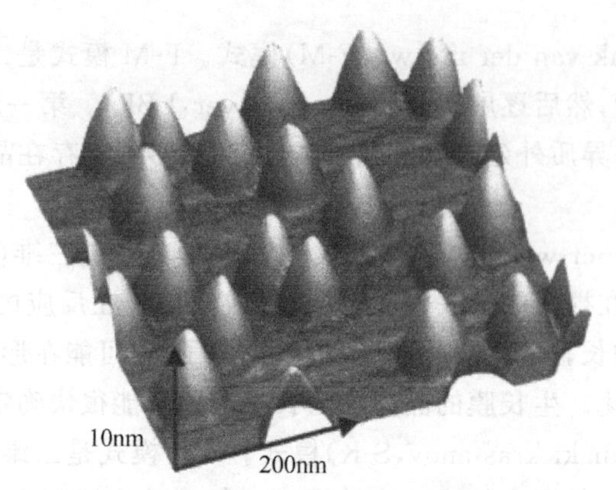

图 4-21 生长在砷化镓上的砷化铟自组装量子点

1.3～1.55μm 之间适合于光通信使用的激光光源或光探测器。光纤在 1.3～1.55μm 波段间能量损耗很低，因此 InAs 量子点材料的激光光源非常适合长距离的光纤通信。

表 4-2 按元素组成分类列出了主要半导体量子点材料，下面介绍 InAs，InP，GaSb，GaN 以及 InGaAs 这 5 种量子点材料。

表 4-2 主要半导体量子点材料

族	量子点材料
Ⅳ	Si、Ge
Ⅲ-Ⅴ	InAs、InP、GaSb、GaN、InGaAs、AlGaAs、InAlAs
Ⅱ-Ⅵ	ZnTe、ZnSe、CdSe、CdTe、ZnO
Ⅳ-Ⅵ	SiC、SiGe

1. InAs 量子点材料

InAs/GaAs 和 InAs/InP 是当前量子点材料的研究热点，在激光器方面具有广泛的应用，如脊式台面型激光器、长波长激光器、阈值注入型激光器等。InAs 量子点材料可通过 MEB 法和有机金属气相外延(MOVPE)法制备。在 MBE 法中，InAs 量子点尺寸和密度受生长速度影响很大，低生长速率下得到 InAs 量子点具有大尺寸、低密度的特征，量子点的发射波长变长。当生长速率降至 2×10^{-3} 单层/s 时，InAs 量子点发射波长超过 1.3μm，可用于制造适合远距离光通信的长波长激光器。在用紫外光激光器激励的 MOVPE 法选择生长 InAs 量子时发现，如果沉积速率高，提高紫外光强度会增加制备量子点的密度。当用 InGaAs 合金包裹 InAs 量子点时，激光器发射波长向红光转移，并与 InAs 的组分以及 InGaAs 层的厚度有关。若将 7×10^{-3} 单层/s 的生长速度并将 InAs 量子点嵌入 $In_xGa_{1-x}As$ ($x=0.17$)层中，可制备出 1.3μm 波长的 InAs 量子点。采用 InGaAs 中制备的 InAs 量子点已制成阈值电流密度小于 $15A/cm^2$ 的阈值注入型激光器。以 InP 为衬底、InGaAs 为阻挡层生长 InAs 量子点，制备的激光器在 77K 下发射波长可达 2μm。

2. InP 量子点材料

通过非线性衍射光谱测量用自组织法生长在 InGaP 势垒层上的 InP 量子点，观察到很强的 Franz-Keldysh 振荡，暗示这种量子点材料中存在高达 30kV/cm 的内部电场。进一步分析表明，此内部电场起源于量子点表面的本征缺陷俘获了大量电荷。

3. GaSb 量子点材料

GaSb 量子点发光寿命比 InAs 量子点长，适合用于制作光存储器器件。在制备上，虽然 GaSb/GaAs 7.8%的晶格失配度和 InAs/GaAs 6.9%晶格失配度相比相差不大，但由于前者含有两种不同的Ⅴ族元素 As 和 Sb，在采用 MBE 法制作量子点时，需要设置一个带有阀门的 As 槽来控制 As 和 Sb 的流入。这种方法能得到密度为 $1.2\times10^{10}/cm^2$，直径为 26nm，高度为 6nm 的 GaSb/GaAs 量子点。

4. GaN 量子点材料

GaN 量子点是制作蓝光-紫外光波长的激光器的理想材料。通过 MBE 法在 $Al_xGa_{1-x}N$/6H-SiC(0001)表面上或通过减压 MOCVD 法在 6H-SiC(0001)表面上可生长出 GaN 量子点。采用 MBE 法时，以 CH_3SiH_3(甲基硅烷)作为 Si 源(表面活化剂)，将 Si 引入到 $Al_xGa_{1-x}N$ 表面，通入 Ga 和 NH_3 实现 GaN 量子点的 S-K 模式的生长。采用减压 MOCVD 法时，选择三甲基镓(TMG)和 NH_3 分别作为Ⅲ族和Ⅴ族生长源，首先在基板上生长约 0.5μm 厚的 $Al_{0.15}Ga_{0.85}N$ 作为缓冲层，再在缓冲层引入 N 型杂质 Si，接着通入原料生长出 GaN 量子点。GaN 量子点的密度可以通过生长温度，Si 的供给量和 GaN 生长时间控制。此外，以 $\{Ga(NH)_{3/2}\}_n$ 作先驱体，采用胶体化学法，在 360℃下加热 24h 可制出呈球形，直径 3nm 的 GaN 量子点材料。

5. InGaAs 量子点材料

采用有机金属分子束外延(MOMBE)方法，在包含微孔阵列的 InP 上，选择内充填生长法可制出直径 30～60nm 的 InGaAs 量子点。生成的量子点填充在 InP 微孔中，光致发光谱峰随量子点直径减小而蓝移。采用 MBE 法可在 GaAs(100)的衬底上生长出的 $In_{0.32}Ga_{0.68}As$ 量子点，在 950℃下快速热退火后，光致发光(PL)谱峰值宽度由 80meV 降至 42meV，并向蓝光移动。采用自组织生长法，在 4K 低温下，可制备出应变自组装 $In_{0.1}Ga_{0.9}As$ 量子点。自组织 $In_{0.4}Ga_{0.6}As$/GaAs 量子点的线性和二次光电系数分别达到 $2.58\times10^{-11}m/V$ 和 $6.25\times10^{-17}m^2/V^2$，可用作低电压振幅调制器。

表 4-3 给出了基于 $In_{0.4}Ga_{0.6}As$/GaAs 制作出的波长转换激光器的结构。在该结构中，4 单层的 $In_{0.4}Ga_{0.6}As$ 量子点与 7 单层的 $In_{0.4}Ga_{0.6}As$ 量子点之间，用厚度为 1.5nm 的 GaAs 势垒层隔离，最上层为厚度 0.1μm 的 P^+ 型 GaAs 接触层，基底为半绝缘 GaAs(SI-GaAs)。例如，$In_{0.4}Ga_{0.6}As$/GaAs 量子点异质结构中，缓冲层和内覆盖层均为绝缘层(i 层)，量子点密度为 $5\times10^{10}/cm^2$，角锥状的量子点底部长度为 14nm，高为 7nm。

表 4-3 $In_{0.4}Ga_{0.6}As$/GaAs 量子点激光器的异质结构

	功　能	材料组成	厚　度
接触层	P^+	GaAs	0.1μm
外覆盖层	P	$Al_{0.3}Ga_{0.7}As$	1μm
缓冲层	i	$Al_{0.3}Ga_{0.7}As$	10nm
内覆盖层	i	GaAs	0.1μm
4ML$In_{0.4}Ga_{0.6}As$ 量子点			
势垒隔离层		GaAs	1.5nm

续表

	功 能	材料组成	厚 度
$7ML\,In_{0.4}Ga_{0.6}As$ 量子点			
内覆盖层	i	GaAs	0.1μm
缓冲层	i	$Al_{0.3}Ga_{0.7}As$	10nm
外覆盖层	P	$Al_{0.3}Ga_{0.7}As$	1μm
接触层	P^+	GaAs	0.1μm
SI-GaAs(1000)衬底			

半导体量子点材料蕴藏着诸多新的特性与功能，具有极为广泛的发展、应用前景，是纳米材料发展的一个新的生长点，必将引起世界科技界的重视。自量子点激光器1994年研制出以来，应变组装量子点的可控生长已成为研究热点。我国中科院半导体研究所采用MBE技术，利用可控生长的应变自助装量子点，研制出InGaAs/GaAs的量子点激光器，室温连续工作的最大输出功率达3.618W，阈值电流密度为$218A/cm^2$，寿命超过10^4h。目前，半导体量子点材料呈现向高密度、长波长和尺寸高度均匀的量子点方向发展。主要研究方向包括：

(1) 探索量子点尺寸的均匀性和空间分布可控的生长方法。

(2) 通过量子点复合调控方法，进一步提升量子点光、电性能。

(3) 探索新的量子点制备方法与新的量子点材料体系等。

(4) 基于量子点结构调控技术，实现新型量子点器件。

(5) 探索量子点新特性、新结构及新的物理机制，拓宽量子点应用领域。

(6) 开发量子点与其他低维半导体结构的器件集成技术，发展其在卫星通信、信息处理、微电子、高速计算机、光电子领域的应用。

4.5.2 半导体量子线材料

当材料有两个维度的特征尺寸达到纳米量级时，此种材料即称为量子线(quantum wire，QWR)材料。量子线材料的特征尺寸与电子自由程相当，表现出量子规律的载流子输运性质以及各种优异的物理力学性质，在纳米电子学和光学等方面具有广阔的应用前景。

量子线材料是一维材料，它的电子有两个维度上运动受限，表现出能量量子化，而沿量子线方向的维度上电子能量可连续取值。在纳米电子学器件应用上，利用量子线控制杂质散射的原理，可制成量子线沟道场效应晶体管(FET)。利用单模量子线可制作量子干涉FET或布拉格反射量子干涉FET等电子干涉效应器件。在光学应用上，量子线材料电子态密度呈现出一系列的尖峰形状这一特点，让它比较容易实现产生激光所必需的粒子数反转。与此同时，量子线的量子限域效应比二维量子阱(QW)更大，利用量子线材料制作的激光器有阈值电流密度低，直接调制速度高，阈值电流对温度不敏感等特点。

目前，量子线材料主要通过外延生长法制备，包括选择外延生长法、在有V形槽的衬底上外延生长法和在微倾斜衬底上外延生长法。制备的量子线主要呈V形、T形或斜T形。表4-4按化学组分列出了主要的半导体量子线材料。下面介绍GaAs、InAs、InGaAs、InGaN、HgSe以及SiC这6种量子线的常用制备方法。

表 4-4 重要半导体量子线材料

族	量子线材料
Ⅳ	Si，碳纳米管
Ⅲ-Ⅴ	GaAs、InAs、GaN、InGaAs、InGaN、$(GaAs)_4(AlAs)_2$，$(GaAs)_5(AlAs)_5$
Ⅱ-Ⅵ	HgSe
Ⅳ-Ⅵ	SiC
Ⅵ-Ⅴ	α-Si_3N_4，β-Si_3N_4

1. GaAs 量子线材料

GaAs 量子线以其能制出高微分增益和高调制频率激光器等光电子器件而备受重视。掩膜选择生长法是制备 GaAs 量子线常用的一种方法。外延生长前，在衬底上的沉积一层介电材料作为掩膜，例如 SiO_2，Si_3N_4。然后刻蚀掉一部分掩膜表面，暴露出衬底，形成一定形状的沉积窗口。当反应物在掩膜表面的过饱和度低至足以防止沉积材料形核，而衬底暴露部位的形核势垒相对较低时，材料就会选择性地沉积在刻蚀的窗口中。沉积材料的尺寸和形状受刻蚀窗口的几何结构限制，因此可以用这种外延生长方法制备量子点和量子线材料。

下面以有机金属化学气相沉积(MOCVD)法选择生长 GaAs 为例介绍制备 GaAs 量子线的具体过程。首先，在带 SiO_2 掩膜的衬底表面上用电子束刻蚀出一个规则的条形窗口，用 MOCVD 法在表面选择生长 GaAs。由于 GaAs 沿(111)A 方向生长比沿(100)A 方向快，在掩膜窗口处长成的 GaAs 的截面是三角形的，表面沿(111)A 方向。继续沉积 GaAs 到填满 SiO_2 上方的空隙，形成一个尖锐的 V 形槽。经过再生长一层 $Al_{0.4}Ga_{0.6}As$ 和转向生长 GaAs 后，最终在 V 形槽的底部得到一个半月形的量子线，量子线两边与(111)A 面的薄量子阱相连。量子线的大小可根据 GaAs 生长时间控制，一般侧面宽度在 10～35nm 范围. 只要把条状窗口改成网状窗口，就能用相同的步骤得到的 GaAs 量子点。

2. InAs 量子线材料

用分子束外延方法(MEB)在 InP(001)基衬底上生长 InAs 纳米结构材料时，根据生长的条件的不同，可以形成 InAs 量子点和 InAs 量子线。InAs 量子线的形成与 In 原子在 InP(001)面迁移扩散的各向异性现象密切相关。InP(001)面沿[110]和[$1\bar{1}0$]方向的表面再构不同，In 原子优先沿[$1\bar{1}0$]方向的迁移有效地释放体系的应变。在基底和外延层晶格失配度超过某一临界值时，先形成量子点，为了进一步释放应力，量子点形状转化为线状。

InAs 量子线制备过程如下：首先在 InP(100)上生长 200nm 厚 $Al_{0.48}In_{0.52}As$ 缓冲层，然后在高温(500℃)下低速率(0.2μm/h)生长 InAs，得到的样品中有带端帽和不带端帽的。对于带端帽的样品，结构生长终止于厚度为 50nm 的 $Al_{0.48}In_{0.52}As$。完成结构生长后，将样品迅速冷却到 300℃，同时保持 As 压强不变以减少表面重构。在生长过程中，As 的流通稳定不变，Ⅴ/Ⅲ族的气体通量比为 15～30。最终生长的 InAs 量子线沿[$1\bar{1}0$]方向。

3. InGaAs 量子线材料

制备 InGaAs 量子线的方法有很多，包括分子束外延方法、化学束外延法(CBE)、有机金属气相外延(MOVPE)法等等。采用分子束外延方法，在高面指数(553)B 取向的 GaAs 衬底上可生长出均匀的、密度高达 5×10^5/cm 的 $In_{0.15}Ga_{0.85}As$ 量子线。量子线具有 864nm 波长的光致发光(PL)谱。采用化学束外延法(CBE)，能在有 V 形槽的 GaAs 衬底上长出

30nm×30nm 的 InGaAs 量子线。进一步控制 GaAs 势垒层的横向宽度，可得到均匀叠加、超细的 InGaAs 量子线。同样在有 150～280nm 深 V 形槽的 GaAs 衬底上，选择三甲镓(TMG)和三甲基铟(TMI)作为Ⅲ族源，AsH_3 作为Ⅴ族源，利用减压有机金属气相外延(LP-MOVPE)法，在 650℃生长温度下，可制出垂直生长 InGaAs 量子线。除了在有 V 形槽的 GaAs 衬底上外，采用有机金属气相外延(MOVPE)法还可以在(100)面(111)A 或(111)B 面倾斜的 GaAs 衬底上制备 InGaAs 量子线。制作方法是：在倾斜 2°～6°的表面上生长厚的 GaAs 层，让晶体表面上的单原子层阶梯变成 GaAs 多原子层阶梯结构，然后在其表面上生长量子线。这种制作方法只需改变使用的基板取向，不需要用特殊加工技术制造 V 形槽，比前面的方法更加简单，制备的量子线高度可通过改变衬底倾斜角度控制。目前，用此法已制出在 77K 下的起振波长为 1.0μm 的 InGaAs 量子线激光二极管(LD)，激光二极管的起振波长依赖于 In 含量。

4. InGaN 量子线材料

由Ⅲ族元素与氮化物组成的量子线是宽禁带半导体材料，在室温下有很大的光增益，能用于制作蓝光和紫外光发射的半导体激光器。当用 InGaN 量子线制作激光器时，激光器的增益因激子跃迁而增强。在 SiC 或蓝宝石上生长的无缺陷 InGaN 量子线激光器的阈值电流为 $233A/cm^2$。

基于 MOCVD 的掩膜选择外延生长技术能够制备出位错密度低、结晶晶体质量好的 InGaN 量子线，量子线的位置和尺寸可通过具体的工艺控制。采用这种方法制备 InGaN 量子线时需要先制备带非晶硅掩膜的横向覆盖生长的 GaN 量子线。GaN 量子线的制备方法与用掩膜选择外延生长法制备 GaAs 量子线类似。首先，选择三甲基镓(TMG)、三甲基铟(TMI)和 NH_3 作为 MOCVD 法的原料，在蓝宝石衬底上长出 GaN 层。利用在电子束蒸发法在 GaN 层上沉积一层非晶硅作为掩膜，并在掩膜上用聚焦电子束(FIB)法加工出一定宽度和间隔的条形窗口。接着，在 1050℃下沉积 GaN。一开始，GaN 会在掩膜窗口以岛状形式出现，随着反应的进行，GaN 岛逐渐变大聚合成量子线，然后开始横向覆盖生长。最后，选择 750℃的反应温度在横向覆盖生长的 GaN 量子线的上面生长 InGaN 量子线，并在 InGaN 量子线上面生长出厚度为 100nm 的 GaN 覆盖层。

5. HgSe 量子线材料

在非平面衬底上用分子束外延(MBE)可生长 HgSe 量子线，这是一种利用了生长速率对非平面衬底表面取向的依赖性的选择生长方法。例如，用光束或电子束刻蚀法和化学腐蚀法在 GaAs(100)或 GaSb(100)衬底加工出“Λ”形槽，再在衬底上覆盖上缓冲层，造成材料在顶部的生长速率比在侧面高。最后只要在沉积的 HgSe 中掺入 Fe 即制成 HgTe：Fe 量子线。HgSe：Fe 量子线的制备已经在不同的衬底和缓冲层上取得了成功，主要有 HgSe/$ZnTe_xSe_{1-x}$/GaSb($x=0.0023$)、HgSe/ZnTe/GaAs 和 HgSe/$ZnTe_xSe_{1-x}$/GaAs($x=1\sim0.98$)。通常制备 HgSe：Fe 量子线，选择带“V”形槽的衬底居多。

6. SiC 量子线材料

以管状结构的碳纳米管作为模子是制作碳化物量子线的常用方法，例如，有重要应用前景的 β-SiC 量子线就能够通过限制在碳纳米管中的化学反应制备得到。利用硅氧(SiO)源(SiO_2 和 Si 的混合粉末)与碳纳米管反应也能够制备出直线型的 SiC 量子线。具体制备方法是先把碳纳米管覆盖在置于氧化铝坩埚 SiO 源上，将此坩埚放入加热炉中，以 Ar 为载带气体，反应温度设为1400℃,即可长出直径在20～70nm范围的SiC量子线。反应期间,可调整反应温度控制SiC量子线直径的均匀性和形状。直线型的SiC量子线可制作蓝光LED。

半导体量子线和量子点材料是研究半导体量子效应的新平台和新领域,它们的出现打破了以往以超薄层、叠层结构为中心研究半导体量子效应的局面。随着MBE、MOCVD等先进纳维加工技术的迅速进步和完善,半导体量子线材料正朝高量子尺寸均匀性和高连续性结构方向发展,半导体低维材料将展示出更多新的性能与更广阔的应用前景。当前,半导体低维材料最热门的领域主要集中在Ⅲ-Ⅴ族化合物半导体低维结构制备及器件应用。此外,采用超大规模集成(VLSI)技术将低维半导体与传统硅基器件集成起来,实现真正的片上系统(system-on-a-chip,SoC),将极大拓展半导体芯片应用方向与领域,也将是低维半导体器件最重要的发展方向。

第5章 半导体材料测试与表征

为实现半导体器件，薄膜工艺是必不可少的，很多薄膜生长都是基于半导体薄膜表面外延生长的，如基于分子束外延(MBE)和金属有机化学气相淀积(MOCVD)半导体器件工艺。此外，半导体器件一般需要掺杂调控，近来一些新型半导体器件需要构建量子阱、实现 δ 掺杂结构等。因此缺陷与杂质的测定、表面与界面结构的确定对于半导体材料分析具有重要意义。同样，随时超大规模集成电路向小纳米尺度迅速发展，需要更精细与准确的检测和控制化学成分的横向分布。这些半导体材料的测试与表征对于提升半导体器件性能与设计新型半导体器件都具有十分重要的意义。

各种半导体表面的形貌结构、组成成分、局域电子及原子态等对生长制备工艺、材料质量和性能的控制有着很大的影响。因此半导体材料的表面分析技术已成为最重要的表征与分析手段之一。表 5-1 中列出了各种表面分析技术，可以用来研究和分析固体表面的形貌、化学成分、化学键合、原子结构、原子态和电子态等表。它们的基本原理是用一种“入射束”进行样品表面监测分析。“入射束”可以是电子、光子、中性粒子、离子、电场、磁场和声波等。在入射粒子或者场发射作用下，样品表面发射、散射或辐射出各种不同的粒子，如电子、离子、光子和中性粒子等。表 5-2 进一步给出不同表面分析技术的应用范围。基于这些粒子相关物理参量检测从而获取样品表面所需信息。

表 5-1 主要的表面分析技术

分析方法	英文缩写	主要用途
歇电子能谱	AES	分析成分、化学态
扫描俄歇微探针	SAM	分析成分、表面形貌
俄歇电子出现电势谱	AEAPS	分析成分
电离损失谱	ILS	分析成分
X 射线光电子谱	XPS	分析成分、化学态
同步辐射光电子谱	SRPES	分析成分、原子及电子态

续表

分析方法	英文缩写	主要用途
二次离子质谱	SIMS	分析成分
卢瑟福背散射	RBS	分析成分、结构
离子散射谱	ISS	分析成分、结构
电子能量损失谱	EELS	原子及电子态
角分辨光电子谱	ARPES	原子及电子态
紫外光电子谱	UPS	分子及电子态
红外吸收谱	IR	电子及原子态,各种元激发
拉曼散射谱	RAMAN	电子及原子态,各种元激发
扫描电子显微镜	SEM	显微分析
透射电子显微镜	TEM	原子结构和显微分析
扫描隧道电子显微镜	STM	显微分析
原子力显微镜	AFM	显微分析
低能电子衍射	LEED	结构分析
反射高能电子衍射	RHEED	结构分析
场电子显微镜	FEM	结构分析
场离子显微镜	F1M	结构分析
扩展X射线吸收精细结构	EXAFS	局域原子结构分析

表 5-2 几种常见的表面成分分析技术

分析性能	俄歇电子谱仪(AES)	X射线光电子谱仪(XPS)	一次离子质谱仪(SIMS)	卢瑟福背散射(RBS)
元素种类	$Z\geqslant 3$	$Z\geqslant 2$	全元素	全元素
浓度极限	$5\times10^{-2}\sim5\times10^{-3}$	$5\times10^{-2}\sim5\times10^{-3}$	$10^{-2}\sim10^{-9}$	$10^{-2}\sim10^{-5}$
空间分辨	10nm	15μm	50nm	1mm
探测深度	~几原子层(0.5~2.5nm)	~几原子层(1~3nm)	静态分析,~1原子层 动态分析,~几原子层	1~几原子层
定量程度	一般	较好		好
化学价态	好	优	差	优
谱分辨率	好	好	优	差
检测损害	有	无	有	无

半导体材料微区电阻测试技术

半导体材料的导电性能是影响器件性能的核心因素,我们必须对其进行精准测量。本章讲解了两种比较常见的测量技术,微区电阻测量技术和霍尔测试技术。半导体微区电阻测量技术是测量材料导电载流子运动快慢的技术,而霍尔测试技术是测试载流子种类的技术,这两种方法也是测量半导体导电性能的基本方法。

摩尔定律指出集成电路芯片上所集成的电路的数目每隔18个月就翻1倍。近年来,随着超大规模集成电路技术的飞速发展,5nm线宽半导体工艺已开始走向应用。虽然器件大小必然会达到极限,摩尔定律逐渐失效,但是集成度会逐渐增加,作为基础元件的半导体晶体管尺寸不断缩小目前仍是不变的规律。因此,半导体材料微区的电学性能及其均匀性尤显重要。半导体材料的电学性能参数主要包括电阻率、导电类型、载流子浓度及其分布、迁移率和少子寿命等,其中电阻率是最直接、最重要的参数。例如,晶体管的击穿电压就直接与其电阻率有关。微区薄层电阻的均匀性将直接影响到半导体器件的性能。本节总结了各种微区电阻测试技术的分类及特点,并重点讲解了四探针电阻率测量技术。

5.1.1 微区薄层电阻测试方法

采用 Mapping 技术,微区电阻测试方法已发展到了可以测试全片的薄层电阻分布。主要测试方法有两大类:无接触测量与接触测量(表 5-3),可具体归纳为以下测试方法(不包括美国国家标准 NBS 推荐方法)。

表 5-3 微区电阻测试方法

<table>
<tr><th>分 类</th><th colspan="2">方法名称</th><th colspan="3">测量方法</th></tr>
<tr><td rowspan="3">无接触测量法</td><td colspan="2">涡电流法(需标样校准)</td><td colspan="3">用于测量整片的电阻率平均值</td></tr>
<tr><td colspan="2">等离子共振红外线法</td><td colspan="3">通过测量载流子浓度计算出电阻率</td></tr>
<tr><td colspan="2">微波扫描显微镜探头测试法</td><td colspan="3">可测得金属薄膜电阻率分布图</td></tr>
<tr><td rowspan="11">接触测量法</td><td rowspan="9">电势探针法</td><td>三电极保护法</td><td colspan="3"></td></tr>
<tr><td rowspan="3">扩展电阻探针法</td><td colspan="3">单探针法</td></tr>
<tr><td colspan="3">二探针法</td></tr>
<tr><td colspan="3">三探针法</td></tr>
<tr><td rowspan="5">四探针法(薄层 $S>\delta$,厚层 $\delta>S$)(Valdes)</td><td rowspan="3">直线四探针法(在样品中央)</td><td>一位测量</td><td></td></tr>
<tr><td>Perloff 双位测量</td><td></td></tr>
<tr><td>Rymaszewski 双位测量</td><td></td></tr>
<tr><td rowspan="2">方形四探针法(范德堡法在样品边缘)</td><td>竖直四探针法</td><td>Keyell</td></tr>
<tr><td>斜置四探针(改进范德堡法)</td><td>在样品的中央及边缘都可</td></tr>
<tr><td rowspan="2">肖特基结探针法</td><td colspan="3">电容汞探针法(肖特基 C-V 法)</td><td></td></tr>
<tr><td colspan="3">三探针电压击穿法</td><td></td></tr>
</table>

5.1.2 微区电阻测试方法的基本原理

1. 无接触测量法

无接触测量法无须与测试样品接触,属于无损测量方法,但一般测试较为昂贵与复杂。基于测试原理,目前主要有三种方法:①涡电流法,通过比较已知电阻率的标准样品的涡电流获得测试样片的电阻率平均值,其测量精度约为 5%。②等离子共振红外线法,基于等离子共振极小点实现薄层半导体材料电阻测试。③微波扫描显微镜探头测试法,采用共振微波显微镜,通过扫描分析薄层微区的电荷分布,获取其电阻分布图。这种方法具有较高的速度与较宽的测量频率,也可以通过更换扫描探头来提升其空间分辨率,但这种方法受样品尺寸形状影响较大,针对不同的几何构型需要进行换算。

2. 接触测量法

接触测量法是最常用的微区电阻测试方法，一般采用接触探针进行直接测量。接触测量法又可分为电势探针法和肖特基结探针法。其中，电势探针法又分为三电极保护法、扩展电阻探针法、四探针法等；肖特基结探针法又分为电容汞探针法和三探针电压击穿法等。其中，电势探针法中的四探针法能实现毫米级以上电阻均匀性分辨，已广泛应用于半导体材料、异质结、外延材料，以及扩散层、离子注入层的电阻率测量，这种方法精度高、方法简单并易于操作，已成为了应用最为广泛的导体材料电阻率测试方法。以下将对四探针法测试半导体电阻率进行具体介绍。

5.1.3　四探针测试方法

四探针测试原理在 1861 年首次由汤姆森提出，在 1920 年被 Schlumberger 应用于地球电阻率测量，L. B. Valdes 在 1954 年首先将其用于半导体电阻率测试。20 世纪 80 年代出现了具有扫描功能的四探针技术。1999 年，Petersen 等研发出微区四点探针。目前，四探针测试仪已成为半导体电阻监测的标准仪器，微区四探针测试仪的探针间距可达 30nm。随着纳米半导体科技的飞速发展，微区四探针技术在利用显微技术、微机电技术及超高真空技术等基础上，测试效率、测试精度及空间分辨率进一步得到了提升，未来将向着智能化、微型化、集成化方向进一步发展。

四探针法可分为直线四探针法和方形四探针法。根据放置方式，方形四探针法又可分为竖直四探针法和斜置四探针法，其具有测量较小样品的优势，可实现电阻均匀性分布的测试。根据不同的发明人，四探针法还可分为 Perloff 法、Rymaszewski 法、范德堡法、改进的范德堡法等。四探针法测量一般需要限定样品的厚度与大小，对于不同的几何构型，测试结果一般需要进行修正。从原理上说，四探针可以排成任何几何图形，如正方形或矩形等。但是无论何种形状，都是由直线四探针法衍生而来，因此下面主要讨论直线四探针的原理。

1. 直线四探针法的基本原理

直线四探针法基本原理如图 5-1 所示，将位于同一直线上的 4 个探针置于一平面样品（样品尺寸应远大于四探针间距）上，在外侧的两个探针上通入直流电流（I），采用高精度数字电压表测量中间两探针的电压（V_{23}），则其电阻率（Ω · cm）为

$$\rho=\frac{CV_{23}}{I}$$

式中：C 为四探针的探针系数（cm），其取决于四探针的排列方法及其间距。

若样品尺寸为无穷大的，如果四根探针处于同一平面的同一条直线上，且等间距，设间距为 s，则 $C=2\pi s$。当 $s=$ 1mm 时，$C=2\pi s=0.628$cm，若调节恒流 $I=0.628$mA，则 2、3 探针间的电压值即为样品的电阻率。

对于薄片样品，设单位方块电阻 R_s，则其电阻率为

$$\rho=R_s \cdot t_s$$

式中：t_s 为薄膜样品的厚度。

采用四探针测量，通外侧两探针的电流为 I，电中间两探测的电压为 V，则单位方块电阻及其电阻率分别为

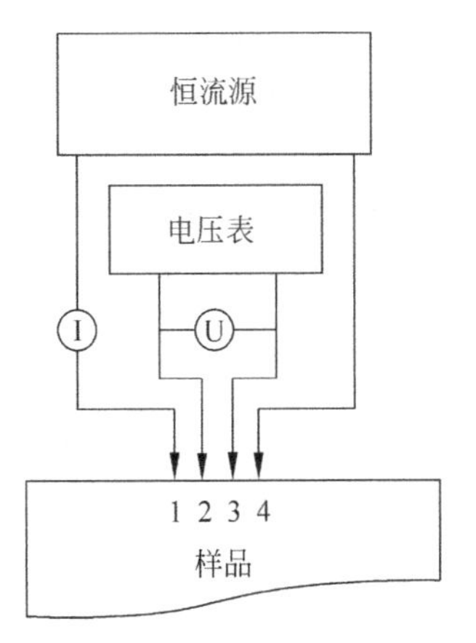

图 5-1　四探针法示意图

$$R_s = F^* \cdot \frac{V}{I}, \quad \rho = F^* \cdot t_s \cdot \frac{V}{I}$$

其中，F^* 为所测薄层电阻的校正因子。

直线四探针法除了上述在外侧探针测电流，中间探针测电压外，电流、电压的测定还有多种组合方式，如表 5-4 所示，不同组合方式，其对应的 F^* 的值是不同的，若考虑到样品尺寸大小，需进一步进行边缘效应进行修正。此外，探针间距也是可以调整的。

表 5-4 等距直线四探针测试薄层电阻的校正因子 F^*

电流探针	电压探针	薄层电阻修正因子 F^*
1～4	2～3	$(\pi/\ln 2) \approx 4.532$
1～2	3～4	$2\pi/(\ln 4 - \ln 3) \approx 21.84$
1～3	2～4	$2\pi/(\ln 3 - \ln 2) \approx 15.50$
2～4	1～3	$2\pi/(\ln 3 - \ln 2) \approx 15.50$
3～4	1～2	$2\pi/(\ln 4 - \ln 3) \approx 21.84$
2～3	1～4	$(\pi/\ln 2) \approx 4.532$

半导体电阻率具有显著的温度效应，电阻率测量时需要同时测定其温度，而且电流导通产生的焦耳热必须尽可能小以降低误差。电阻热效应可以通过电阻率随时间变化来判定。通常四探针电阻率测量的参考温度为(23±0.5)℃，若测试电阻率时温度不同于以上温度，可采用下式进行修正：

$$\rho_{23℃} = \rho_T - C_T(T - 23)$$

式中：C_T 为电阻温度系数；ρ_T 为温度 T 时的电阻率。

2. 直线四探针法的测试条件

直流四探针法测量电阻率须满足条件：

(1) 测试样品电阻率应分布均匀，探针间距不宜过大，通常约 1mm。

(2) 试样表面应平整，探针处于同一直线。

(3) 探针与试样应为欧姆接触，探针较尖时，接触点应为半球形，接触半径应远小于针距，针尖应有一定压力。

(4) 电流流入不会导致试样电阻变化。

(5) 特殊试样的表面应经过处理，减少载流子对测量电阻的影响。

(6) 应使用高阻抗的电表测量电压，尽量避免电压表引起电流测试误差。

(7) 测试期间，电流 I 需保持恒定。

(8) 探针间距引起的测试误差，需要进一步修正。若探针之间的间隔与标准距离 s 有偏差，则电阻率偏差可写为

$$\frac{d_\rho}{\rho} = \frac{1}{4s}(3\Delta x_1 - 5\Delta x_2 + 5\Delta x_3 - 3\Delta x_4)$$

其中，Δx_i 为第 i 次探针偏离标准位置的线位移。

3. 测量电流的设定

四探针测试过程中，测量电流对电阻率有影响：①少子注入可使电阻率减小。②电流引起的焦耳热可使电阻率升高。因此，为了尽量避免测量电流对测量结果的影响，可采用以下措施：试样表面粗磨，通过表面复合减小少子寿命；探针采用欧姆接触良好的材料，并施

加一定的压力在样品表面；适当增加探针间距；尽量在弱电场条件下测试电流。基于以上原则，采用四探针法测试电阻率，测量电流可按表 5-5 进行设定。

表 5-5　测量电流的选择范围

样品电阻率/(Ω·cm)	设定电流值/mA	样品电阻率/(Ω·cm)	设定电流值/mA
<0.01	<100	30～1000	<100
0.01～1	<10	1000～300	<10
1～30	<1		

5.2 霍尔效应测试方法

霍尔效应(Hall effect)自 1879 年被霍尔(E. H. Hall)发现后，引起了人们极大兴趣与关注，一些新的霍尔效应也不断发现与报道，如量子霍尔效应、分数量子霍尔效应及量子自旋霍尔效应等的发现都被认为是凝聚态物理领域中的重大突破之一。

利用霍尔效应测试半导体的霍尔系数和电导率也已成为半导体材料性能测试的最重要手段之一。通过半导体材料的霍尔系数和电导率的测量分析，可得到其导电类型、载流子浓度和载流子迁移率等半导体主要参数。若进一步测试霍尔系数和电导率随温度的变化关系，还可获得半导体材料的杂质电离能、禁带宽度和杂质浓度相关参数等。

霍尔效应测试仪仅需一个电流源、一个电压表及合适的磁场载体就可满足其基本测试要求，因此设备相对简单。此外，霍尔测试仪精度误差小于 20%，载流子浓度测试范围为 $10^{14}\sim10^{20}\,\mathrm{cm^{-3}}$，而且动态范围宽，精度较高。以下将进一步阐述霍尔测试的基本原理与方法。

5.2.1 霍尔效应的基本原理

若在某一导体或半导体材料施加相互垂直的磁场和电场，则会垂直电流和磁场方向产生一个电势差，该现象称为霍尔效应。霍尔效应来源于带电粒子在电场和磁场共同作用下的偏转运动。

如图 5-2 所示，相互垂直的电场(E_x)和磁场(B_z)同时施加在一个矩形半导体样品。为简便起见，仅考虑单一载流子导电的情况，如 N 型半导体为电子导电，P 型半导体为空穴导电。假设在给定电场半导体中的载流子的漂移速度相等。在磁场作用下，载流子将因为 y 或者 $-y$ 方向的洛仑兹力在垂直 y 方向的面上积累而形成霍尔电场。该霍尔电场力将与施加电场力平衡，形成稳定的霍尔电场。霍尔电场强度 E_H、电流密度 J 及磁感应强度 B 将有如下关系：

$$E_H = R_H JB$$

式中：R_H 称为霍尔系数。霍尔系数的正负与半导体导电类型相关。如图 5-2 所示，若电流沿 x 正方向，磁场沿 z 正方向，则 P 型半导体的霍尔电场沿着 y 正方向 $E_H>0$，则 $R_H>0$，而 N 型半导体，则 $E_H<0$，$R_H<0$。以下进一步推导出 R_H 的表达式，以 P 型半导体为例，设载流子浓度为 p，平均速度为 v，达到力平衡时，则有 $qE_H=qvB$，考虑 $v=J/qp$(J 是电流密度，q 是电子电量)，可得：$E_H=JB/qp$。

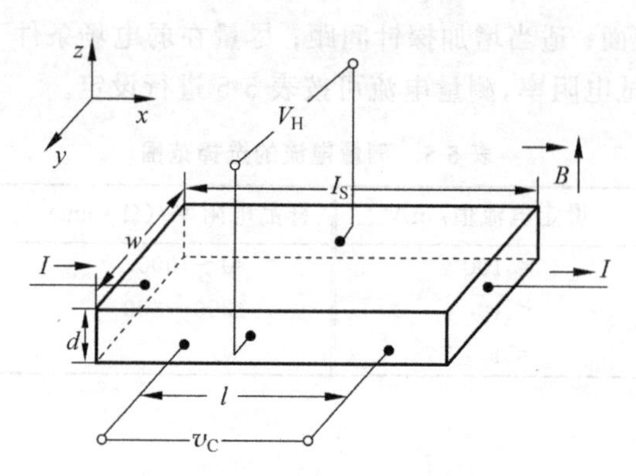

图 5-2 霍尔效应原理示意图

综合上述两式，可得

$$R_H = 1/qp$$

同理可推出 N 型半导体的霍尔系数

$$R_H = -1/qn$$

以上是基于载流子平均速度推导出的霍尔系数，如果考虑载流子速度统计分布，霍尔系数计算需加入修正项 γ_H，霍尔系数分别为

$$R_H = \gamma_H/qp(\text{P 型}), \quad R_H = -\gamma_H/qn(\text{N 型})$$

修正项霍尔因子与半导体能带结构及载流子散射结构紧密相关。

图 5-3 为基于范德堡技术的霍尔效应测试仪的结构示意图。主要包括电压计、电流计、电源、高阻抗扫描器、低阻抗扫描器、控制和数据处理等单元。

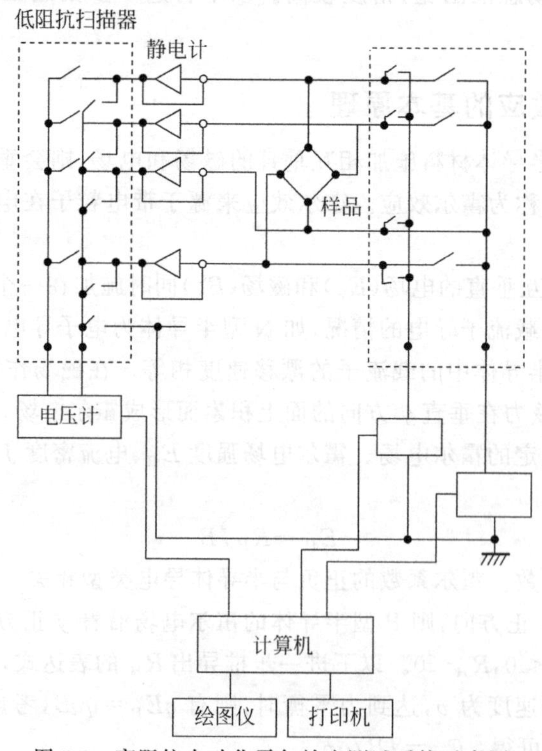

图 5-3 高阻抗自动化霍尔效应测试系统示意图

高阻抗扫描器其阻抗可达 $10^{12}\Omega$,可以实现小电流测试。低阻抗扫描器主要用于低电压测试情况。此外,霍尔测试仪也需要内部、外部屏蔽。外部屏蔽主要通过接地实现,而内部屏蔽往往采用同轴电缆方式。如电流表和静电计的输入与高阻抗扫描器的输入和输出以及被设计成三轴。

5.2.2 霍尔测试样品

进行霍尔测试时,为了保证测试的准确性,一般需要特定样品结构,可以从以下几方面因素考虑样品结构:有效尺寸;制备技术;测试时间;测试精确度;磁阻测量。图 5-4 是最常见的 6 种样品结构。其中图(a)和图(b)是霍尔条结构,图(c)～图(f)基于范德堡技术测试样品。

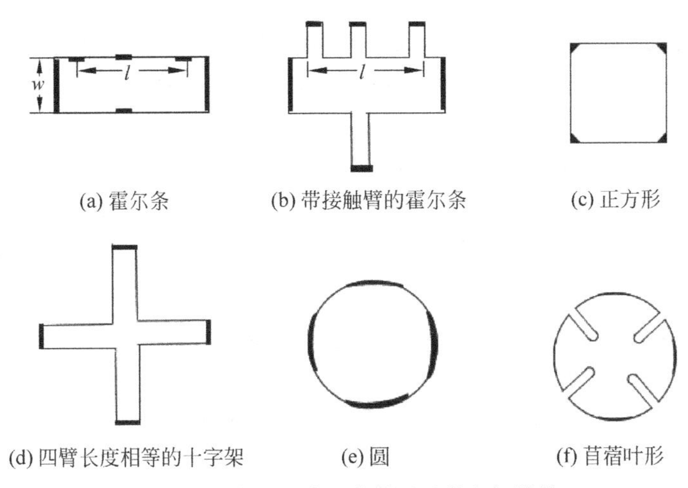

图 5-4 霍尔测试常用的样品及其电极结构

一般对小样品来说,应采用范德堡技术测试,需要在其周边设计制备 4 个小的电极结构,不宜采用霍尔条结构(可能会导致较大的误差)。而对于大尺寸样品,电极结构选择就比较多样化,不同结构具有不同特点。

在图 5-4 中(b)结构样品易碎而(a)或(c)结构可以从晶片中直接取样。(c)结构可以在其 4 个角制备非常小的电极。(b)、(d)和(f)结构复杂,如果是小样品,往往需要利用光刻技术。但是(b)、(d)和(f)可用于高精度的霍尔测试。(c)和(e)中 V_H 和 B 之间不具备良好的线性关系,(a)结构要求 μB 必须比较大,(a)和(b)结构不利于散热。但若需要进行磁阻分析,(a)和(b)是最有利的。

一般情况范德堡测试精度较高,但是测试时间长于霍尔条测试。

此外,在霍尔测试中,电极与测试材料需要非常良好的欧姆接触,电极材料通常有 In/Ga 合金。表 5-6 则给出常用半导体样品的欧姆电极材料及其制备工艺。

表 5-6 常用半导体的欧姆电极材料及其制备工艺

半导体材料	合金材料	烧结温度/℃	烧结时间/min
n-Si	Au/Sb	400	3
p-Si	Au/Ga	400	3
n-GaAs	Au/Ge	450	2.5
p-GaAs	In	425	3

注:n-Si,p-Si 和 n-GaAs 的欧姆接触合金还可采用 In/Ga 合金(In 的重量百分比为 25%)。

5.2.3 霍尔测试条件

为了使霍尔测试具有较高精度,需要从以下这些方面进行综合考虑。

(1) 接触效应。对图 5-4 霍尔样品的(a)、(c)和(e)结构应该考虑其接触尺寸与位置,接触不良可能导致较大误差;而对于(b)、(d)和(f)结构,接触效应导致的误差较小。一般而言,接触电极到样品边缘距离应小于样品最小边长的 10%,对于(a)和(b)结构,应该保证 $l/w>3$。

(2) 热电与热磁误差。霍尔测试电流导致,埃廷豪森效应(Ettingshausen effect)(热电效应)、能斯特效应(Nernst effect)和里纪-勒杜克效应(Righi-leduc effect)(热磁效应)应该引起注意与重视。

(3) 基底效应。在基底电导率超过测试样品薄膜电导率时,霍尔测试将产生较大误差,需要通过修正公式进行消除。此外,测试电极不能同时覆盖样品薄膜和基底,从而可能导致非常大的测试误差。

(4) 电极接触效应。非欧姆接触可能导致较大的接触电阻,产生较大的测试误差,测试过程中应该尽量保障电极良好的欧姆接触。

(5) 光电效应。光电导、光伏效应等会验证影响电阻率测试结果,因此霍尔效应需在暗室进行。

(6) 少数载流子效应。大电场的加入可能导致少数载流子产生改变其电阻率,因此测试时,需要尽量低的电压条件进行。

(7) 焦耳热效应。测量电流可能导致半导体材料升温影响其电阻率赚取额,因此霍尔测试也需要在尽量小的电流下进行,避免温升效应。

(8) 高频效应。必须防止高频信号导致的霍尔测试误差。

(9) 结构效应。各向异性材料不同取向将影响霍尔测试结果,对于各向异性半导体材料的测试,需选择合适晶面方向进行测试。

(10) 表面效应。样品表面结构不同会严重地影响霍尔测试的相关结果,霍尔测试前需对表面进行处理,尽量减小表面结构对霍尔测试的影响。

下面以英国 Bio-Rad 公司 HL5500PC 霍尔测试仪为例,简要说明霍尔测试步骤。

(1) 将已制备好电极的样品放入样品室,保证测试探针与电极的良好接触。

(2) 设定测试的各种参数,如测试模式、样品结构(范德堡结构、霍尔条和桥形结构)、磁场强度和相关参数(滞后时间、积分时间和循环次数)。

(3) 设定在测试电流。手动或者自动方式(若设定为自动方式,需确保电极接触为欧姆接触)。

(4) 输入测试样品结构参数,如薄膜厚度等(若不输入,按照默认体材料特性)。

(5) 设定测试温度:室温或冷却室温度。

(6) 检查各测试电极接触电阻,若接触电阻过大,可采用仪器内置功能的电击方式形成欧姆接触,该功能仅对厚膜半导体材料适用。通过测量电极对 1-2 和 3-4 的 I-V 曲线判断接触电极是否为欧姆接触,若 I-V 曲线为直线为欧姆接触,若直线的斜率不一样,说明内阻不一样。若对称性因子 Q 小于 1.5(理想正方形的对称因子 $Q=1$,长方形样品不能用对称性因子来考察样品质量),不一致的斜率也是可以进行正常测试的。

(7) 进行霍尔测量。首先将给出有无磁场存在情况的电流电压测试结果,通过正反电流与电压平均值比较来判断相关误差，误差越小越好(5%之内)。

(8) 霍尔测试完成后，测试系统将自动计算给出方块电阻、霍尔系数、载流子浓度、迁移率，以及体电阻和载流子浓度等所需测试结构。若需要体电阻和体载流子浓度结果，应先确定薄膜样品的厚度。输入厚度为实际厚度，计算往往需要考虑样品表面和与衬底界面处的耗尽区的厚度，这又与其载流子浓度、表面势垒及其介电系数有关。对于 HL5500PC 系统，可以通过测试材料的介电系数和界面势垒，自动计算出耗尽区厚度，获得修正后的体电阻和体载流子浓度等参数。

5.3 俄歇电子能谱

电子的俄歇效应在 1925 年由法国科学家俄歇(P. Auger)发现。电子的俄歇效应来源于高能粒子激发固体表面后引起的二次电子电离效应，二次电子电离的能量与强度与表面原子的化学成分与结构紧密相关。1968 年哈里斯(L. A. Harris)发现了俄歇电子能谱(Auger electron spectroscopy，AES)。此后，1969 年帕姆伯格(P. W. Palmberg)采用俄歇电子能谱分析表面成分。此后，俄歇电子能谱开始得到广泛应用与发展。本节将简要介绍俄歇电子能谱系统及其检测分析技术。

5.3.1 俄歇能谱测试系统

俄歇电子谱测试系统主要部件包括超高真空系统、样品系统(快速进样系统、样品台和冷却加热系统)、激发源系统(电子枪、离子枪、电子能量分析器)及数据分析系统(探测器、计算机数据采集和处理系统)等。图 5-5 为俄歇能谱测试系统原理示意图。以下分别简要叙述各系统功能与结构。

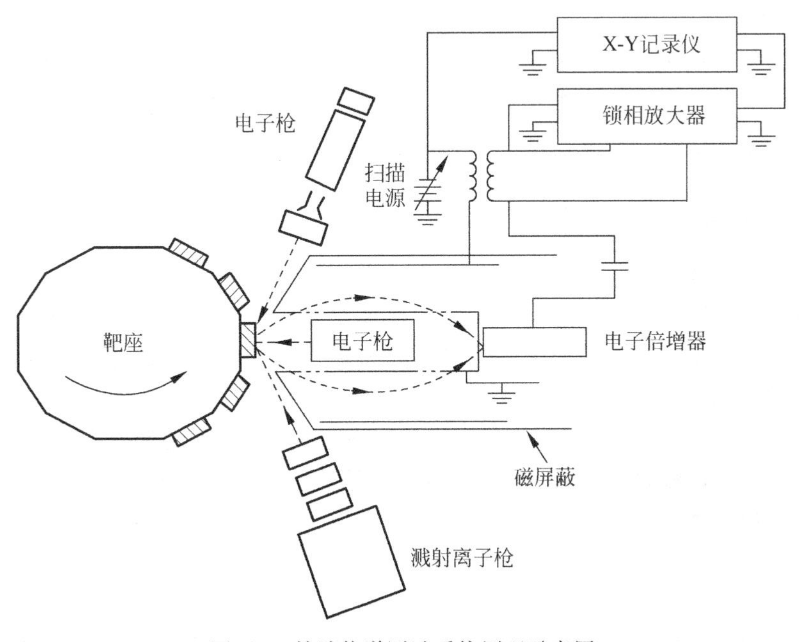

图 5-5 俄歇能谱测试系统原理示意图

1. 超高真空系统

为了避免残留气体对样品表面成分的分析检测，俄歇电子能谱检测需要超高真空系统中进行。表面气体分子的吸附将大大影响表面真实成分的检测，因此俄歇电子谱系统真空度需要高达 10^{-9}～10^{-10} Torr。为达到超过真空，需要多级真空泵，如机械泵、涡轮分子泵，分子筛吸附泵，钛阴极离子泵和钛升华泵等，还需要去磁与热烘烤系统等。

2. 电子枪与离子枪

电子枪的入射电子束用来激发俄歇电子，一般需要配备两支电子枪。直射枪安装与能量分析器同轴，电子束直射样品表面；掠射枪装在分析器外，电子束与样品表面成 10°～30°角。电子束的束流为 0～2000μA，能量为 10～5000eV，最小束斑直径可小于 10nm。电子枪一般有钨阴极电子枪、LaB_6 阴极电子枪、低能肖特基场发射电子枪三种类型。目前最常用的电子枪是 LaB_6 阴极电子枪，它具有亮度高、稳定性好及束流大等优点，可用于亚微米的微区俄歇分析。新近发展起来的低能肖特基场发射电子枪具有很高的电子流密度，超高的亮度，电子束径可达 10nm，具有良好的空间分辨率和分析灵敏度。

离子枪主要是用来清洁样品表面，也可以用于逐层刻蚀样品进行样品表面深度的成分分析。目前使用的一般是氩离子枪，溅射方式分连续溅射或间歇溅射，为了实现样品表面深度成分分析通常采用间歇溅射的方式。

3. 电子能量分析器

电子能量分析器是通过电子扫描方式获得电子能量分布，是测试俄歇电子谱仪的核心部件。电子能量分析器有圆筒镜与球扇型两种结构。俄歇电子谱系统多采用圆筒镜能量分析器，具有灵敏度高，信噪比大等优点。

球扇型能量分析器具有高能量分辨率，通常应用在 X 射线光电子能谱仪器(X-ray photoelectron spectroscopy, XPS)做电子能量分析，此外，通过设计完善其传输透镜和多道探测器，可显著提升其分析灵敏度，也可应用于俄歇电子能谱仪。

俄歇电子能谱系统的数据采集方式主要有两种，即微分法和脉冲计数法。微分法是将基于微小交流调制电压和采用锁相放大器将二次电子信号进行微分处理并输出数据。脉冲计数法是采用电子倍增器放大二次电子脉冲信号，以脉冲计数的方式输出数据。

5.3.2 俄歇电子能谱表面分析技术

1. 表面元素分析

由于俄歇电子的能量仅仅与原子能级结构有关，与入射电子能量及过程无关，因此，可以通过分析俄歇电子能量分布判断样品表面的元素种类与多少。通过俄歇电子能谱仪，可以分析鉴定除氢和氮以外所有元素成分。

图 5-6 为一个典型的污染的 Cu 表面的俄歇电子能谱，电子能量分布从 0～1000eV，可以通过分析能谱不同峰位(俄歇电子技术的微分强度)来确定其元素种类及含量的相对多少。从图中可以清晰地看到，除两个 Cu 的微分谱外，在不同能量位置，还能观察到如 S,Cl,Ar,C,Ag,O 等微分谱。

2. 成分定量分析

由于俄歇过程比较复杂，因此通过俄歇电子能谱定量分析其成分含量是很复杂与困难的。因为俄歇电子强度不仅与原子浓度有关，也与俄歇电子逸出深度、电离截面、背散射因

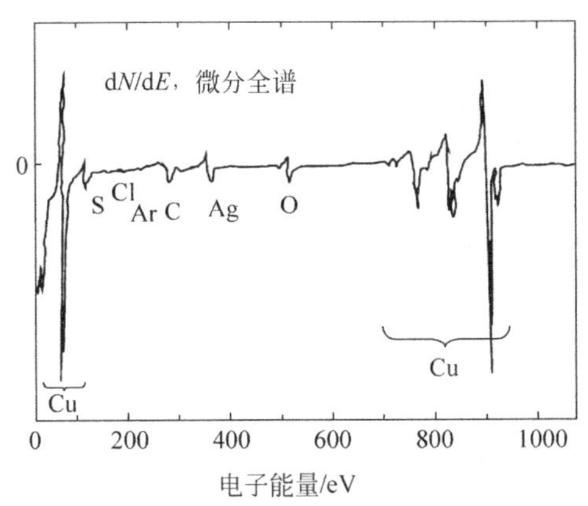

图 5-6　不干净 Cu 表面的俄歇电子全谱

子、表面粗糙度因子等基体材料本身有关，而且能谱仪精度与操作者有关。但俄歇电子强度与原子浓度存在一定的线性关系，利用这个特点可以做一些简单的定量分析，主要有纯元素标样法和相对元素灵敏度因子法等两种方法。

3. 深度成分分析

要进行元素组分随样品表面深度的分析，首先需采用离子枪进行逐层剥离，一般采用的是能量为 500～5000eV 氩离子溅射样品表面，然后进行原位俄歇电子能谱分析。通常采用间歇溅射，溅射需要的厚度后停下来进行俄歇能谱分析，相关参数可以通过计算机自动设定。通过俄歇能谱元素深度成分分析可以较全面地了解样品表面及界面的元素组分及杂质浓度的深度分布。当然，离子溅射也有可能改变某些表面元素价态及分布，因此，基于俄歇能谱深度成分分析可作为参考判断，并不是实际的准确值。

4. 元素化学价态分析

俄歇电子能谱不仅能分析元素成分，还可以分析元素价态信息。因为元素价态变化时，也可以引起俄歇能谱峰的位移，该位移称为化学位移。通过俄歇能谱峰形变化及位移大小，可以推测元素价态变化情况。分析元素价态变化，主要有以下三种过程：

(1) 芯能级俄歇跃迁。化学价态变化将可能导致原子内的弛豫、原子间的弛豫及电子间相互作用力都可能影响原子内层电子能级结构的变化。电子能级变化自然会使得俄歇能谱位置发生变化。一般而言，元素正化合价越大，俄歇电子峰负位移越大；反之，元素的负化合价越大，俄歇电子峰正位移越大。如相对于金属 Ni，在 NiO 与 Ni_2O_3 中的 Ni 的俄歇电子峰分别向低能位移了 5.7eV 和 8.5eV。由于芯能级效应，此外，俄歇电子峰的位置变化还与相邻元素的电负性及离子的极化效应有关。

(2) 价带俄歇跃迁。发生价带俄歇跃迁时，元素的价态及化学环境的变化，将不仅导致俄歇电子峰位置的变化，还会导致俄歇电子峰形状的变化，因为价带的变化直接影响元素的化学状态。

(3) 俄歇电子逸出表面过程。俄歇电子逸出表面时，所处的化学环境导致能力的损失不一样，因而表现所测试的俄歇电子峰低能端不一样。

虽然采用俄歇谱可以分析元素化学价态，但俄歇过程比较复杂，难以获得化学价态变化引起俄歇能谱变化的标准图，因此，俄歇电子能谱不如 XPS 应用广泛。

5. 微区成分分析

俄歇电子能谱具有强大扫描功能，可以较好地应用于样品表面的微区成分分析。分析方法包括点分析、线扫描分析和面扫描分析三种方式。

(1) 点分析。点分析的空间分辨率决定于入射电子束的束斑大小。为了实现微区分析,一般需要俄歇扫描微区探针。在点分析前,首先需要采用吸收电流像或二次电流像定位样品,然后针对所需要的特殊点,可通过样品架移动与电子束斑精确定位进一步微俄歇电子能谱分析。可以通过计算自动设置多点,进行各点表面成分与深度分析。

(2) 线扫描分析。入射电子束沿着某设定直线进行成分与深度的俄歇能谱分析,可研究表面元素扩散及截面扩散行为。

(3) 面扫描分析。为了获取元素的面分布时,需要扫描适当面积的俄歇电子能谱,做面扫描分析。进行某元素面扫描分析时,一般需选取该元素俄歇主峰的能量,然后在选定的区域获得该元素在该区域的俄歇像分析,从而获得该元素在表面的浓度分布特性,面扫描分析用时较长,一般需要几个小时。

5.3.3 俄歇电子谱在半导体领域中的典型应用

俄歇电子能谱作为强大的表面分析测试方法已被广泛应用在冶金工业、化学工业、电子工业、材料科学、航空工业、能源和环保等各领域。下面将主要介绍俄歇电子能谱在半导体材料与器件领域中的典型应用。

1. *表面污染检测*

在半导体器件制造工艺,尤其是大规模集成电路,基底及元器件表面需要十分干净,要特别防止表面污染。因此俄歇电子能谱可用于检测半导体基底或材料表面的污染情况。图 5-7 为 Si(111)表面未清洗或经过不同处理的俄歇电子能谱图,从图中,可以很清晰地看到,Ar 离子溅射处理后其表面污染最少。因此,俄歇电子能谱将半导体基片污染分析提供了强有力的手段。

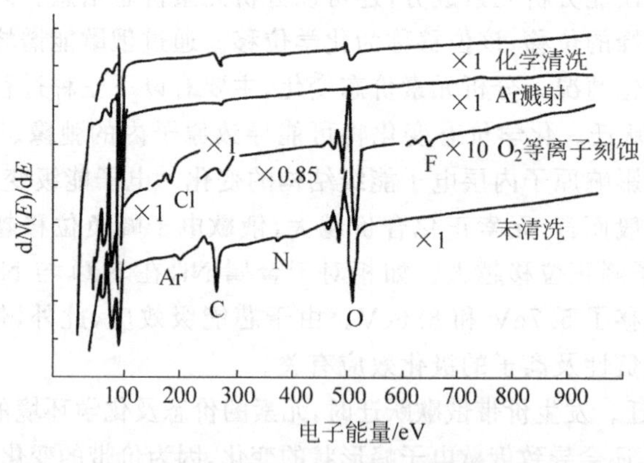

图 5-7 Si(111)表面经过不同处理方法的俄歇电子能谱图

2. *金属/半导体欧姆接触分析*

由于俄歇能谱系统可以采用氩离子溅射技术获得深度成分分析,这为半导体器件广泛应用的金属/半导体欧姆接触提供了有效的分析手段,通过分析欧姆接触组分的深度分布,可判读其是否具有良好的欧姆接触特性及其形成的化合物成分分布。图 5-8 为 Ge/Pd/GaA 不同工艺处理的俄歇深度分布图。通过不同工艺处理,接触结构从 Ge/Pd/GaAs 到 Ge/PdGe/GaAs,再到 PdGe/Ge/GaAs 结构,这些结构也与 TEM 测试的结果基本一致,再通过电学测试分析，发现 PdGe/Ge/GaAs 结构具有良好的欧姆接触特性。这说明采用俄歇电子能谱仪能够很好地用于半导体电极结构的分析与机制研究。

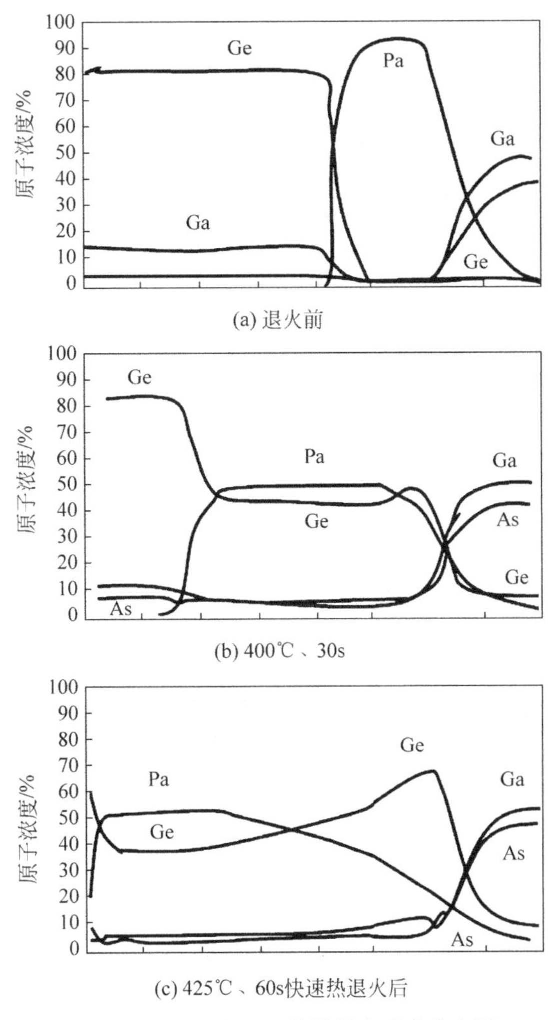

图 5-8 Ge/Pd/GaAs 俄歇深度元素分布图

3. 半导体器件失效分析

半导体基片清洗不干净、半导体工艺过程控制不精准或者添加剂的化学残留等原因很可能导致半导体器件失效。俄歇电子谱为半导体器件失效原因分析提供了强大的工具。如图 5-9 是半导体电极接触点的俄歇成分深度分布图。通过与具有欧姆接触良好的电极结构对比，发现了接触特性不好的 Al-Si 电极中的氧化层，使得接触电阻增大，可能造成半导体器件失效。

此外，俄歇电子能谱也可以用于分析光刻工艺导致的污染。图 5-10 采用俄歇能谱检测了管芯图形区内和外的元素成分，发现管芯区域内有大量的碳，而在管芯外的区域碳含量显著减少，说明光刻胶带来了额外碳。而通过观察，也确实发现在管芯图形上附着了一层不正常的颜色的薄膜。通过俄歇能谱分析检测，可确保半导体器件的成品率和可靠性。

4. 膜层组分分析

半导体器件很多是由多层膜构成的，俄歇深度分析可以直接给出半导体各膜层的组分

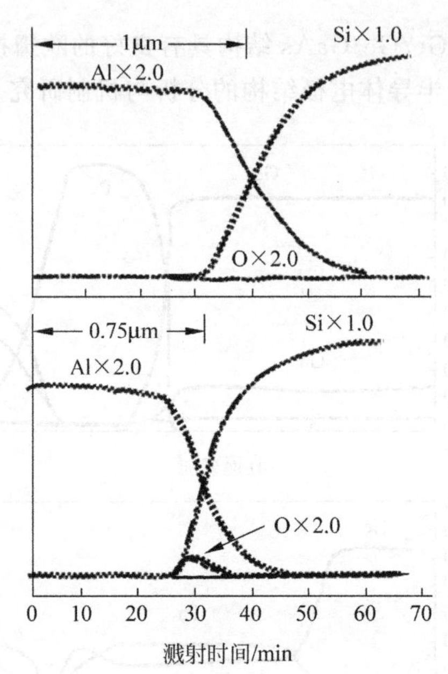

图 5-9　Al-Si 合金电极接触点俄歇成分深度分布

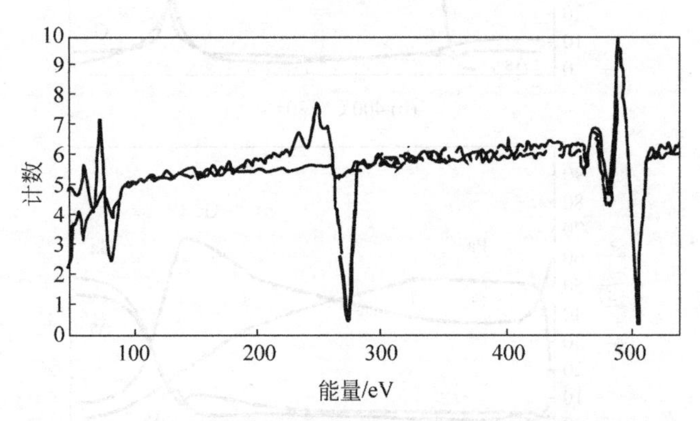

图 5-10　GaAs 场效应晶体管的管芯图形区内和外俄歇电子谱

分布，从而可以判断半导体器件是否达到设计要求。图 5-11 与图 5-12 分别给出了不同束流密度下的 $SiO_2/Si_3N_4/SiO_2/Si$ 的俄歇深度分布。从图可看出，膜层生长是较均匀的。但是从图 5-12 也可以看出，在高束流密度下，发现了额外的 N 富集层。这也说明了，为了获得更为准确的膜层组分分布，合适的束流密度也是需要考虑的。

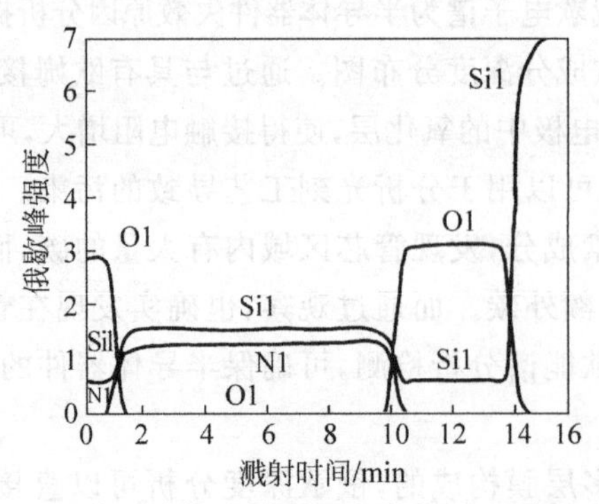

图 5-11　$SiO_2/Si_3N_4/SiO_2/Si$ 多层结构的俄歇深度分布（电子束流密度为 2.8×10^{-4} A/cm^2）

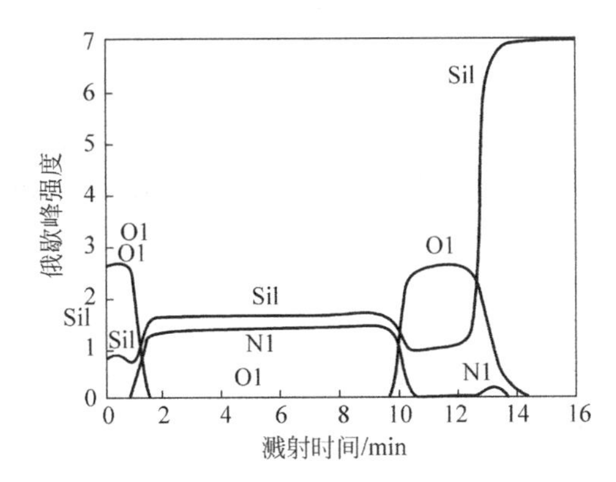

图 5-12 $SiO_2/Si_3N_4/SiO_2/Si$ 多层结构的俄歇深度分布(电子束流密度为 1.2×10^2 A/cm^2)

5.4 红外光谱分析技术

红外光谱是物质被激发或者自身辐射产生的处于红外波段的光。红外光谱首先在1800年被赫歇尔(F. W. Herschel)发现,并在1835年被安培(A-M. Ampère)证实与可见光具有同样属性。红外分光光度计1935年通过盐酸棱镜和热电偶检测器首次制备出。此后,红光光谱仪被广泛地用于分析化合物结构。红外光谱可由分子内转动和转动能级的跃迁获取,因此红外吸收光谱一般来源于分子的振动光谱,通过红外光谱获得化合物的分子结构信息。红外光谱按波长通常分为三个区域,即近红外区(0.78～2.5μm)、中红外区(2.5～25μm)和远红外区(25～1000μm)。分子化学键振动的倍频和组合频一般处于近红外区。最常用的是中红外区,化合物的化学键振动跃迁大部分处于中红外区。而金属有及其有机化合物、晶格振动及分子纯转动光谱往往出现在远红外区,此外纳米材料的许多红外光谱也处于远红外区。

红外光谱分析技术一般可用于测试物质的组分、结构及其红外光学性质等,已在石油、化工、医药、环保、材料科学、公安和国防等领域获得广泛应用。红外光谱也是半导体材料最常用的分析测试技术之一。采用红外光谱,可以测定半导体材料的组分、杂质、缺陷及其相对含量,也可以帮助确定材料的结构特征。红外光谱属于无损检测,由于发展时间长,也积累了大量红外光谱数据,可以快速准确地帮助确定材料的结构组成等特性。

随着光学器件制作技术及光学理论的发展,红外光谱也从第一代以棱镜作色散元件红外光谱仪发展到第二代以光栅作色散元件红外光谱仪;在20世纪70年代发展出了第三代相干性红外光谱——傅里叶变换红外光谱仪(FTIR);近年来,红外光谱仪已开始采用激光器作为激发光源,测试结果更为准确与可靠。以下分别简要介绍三代光谱仪的主要特点:

(1) 棱镜型红外光谱仪。它以棱镜为色散元件实现分光,当转动棱镜时通过信号探测记录红外光谱数据,结构简单,但分辨率也低。主要部件包括红外辐射源、样品测试室、检测器、信号处理和光谱显示及记录系统。

(2) 光栅型红外光谱仪。它以光栅作为色散元件,采用光栅衍射的方式分光,与棱镜型红外光谱类似,通过转动光栅实现红外光谱数据探测与采集。结构部件也与棱镜型红外光谱仪一样,但分辨率更高。

(3) 傅里叶变换红外光谱仪。它是当前最常用的光谱仪,已在半导体材料分析与测试中得到了广泛的应用。它的基本原理是:通过同时测定所有光学频率的信息,获取光强随时间变化的谱图,然后经傅里叶变换获得红外光谱吸收强度(或透过率)随波数的变化曲线。它相对于以前传统光谱仪光路设计,具有极大的创新,在缩短测试时间的同时,提升了测量灵敏度和波长范围,可用来分析微小样品与微弱信号的红外光谱测试分析。以下主要就傅里叶变换红外光谱测试技术进行阐述。

5.4.1 傅里叶变换红外光谱优点

傅里叶红外光谱具有诸多优点。它可以达到极高的分辨率棱镜型红外光谱仪最多到 $1cm^{-1}$,光栅型红外光谱仪仅能达到 $0.2cm^{-1}$,而傅里叶变换红外光谱仪可在整个光谱范围内分辨能力达到 $0.1cm^{-1}$,最高甚至可达到 $0.005cm^{-1}$。此外,其波数准确度也可达到 $0.01cm^{-1}$。

傅里叶红外光谱测杂质辐射极低,杂质产生的误差可低于 0.3%。傅里叶红外光谱测试扫描时间快,棱镜型或者光栅型光谱计需要几分钟才能扫描整个测试光谱范围,傅里叶红外光谱计在 1s 内即可完成全光谱扫描,扫描速度提升了几个数量级,可以实现原位实时测量,与气液色谱、高速液体色谱联机使用。傅里叶红外光谱仪具有很高的灵敏度,无须像传统光谱仪需要狭缝截光就可以获得较高的分辨率。由于它是一次性获取全部光谱信号,光电流与信噪比大大提升,可以用于测量微弱信号的光谱,适用于微量及痕量物质的检测分析。另外,傅里叶红外光谱测试仪结构相对简单,体积与质量小,目前已基本取代了棱镜型与光栅型红外光谱仪。

5.4.2 傅里叶变换红外光谱测试系统

傅里叶变换红外光谱测试系统主要由光源、干涉仪、探测器和数据处理系统四部分组成,图 5-13 为其系统结构原理图。

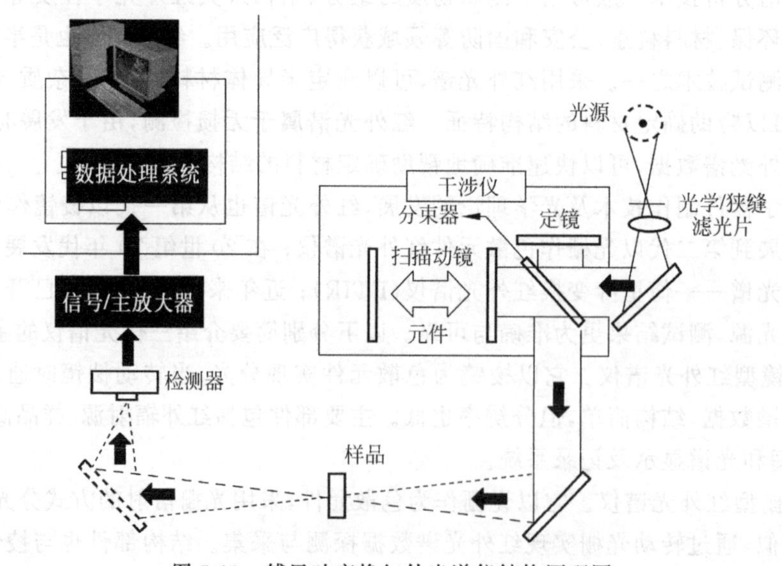

图 5-13 傅里叶变换红外光谱仪结构原理图

1. 光源傅里叶变换红外光谱仪

为了测试大范围的光谱一般需要多个光源。如近红外光源采用钨丝灯或者碘钨灯，中红外光源使用碳硅棒，远红外光源使用高压汞灯及氧化钍灯。

2. 干涉仪

迈克耳孙干涉仪是傅里叶变换红外光谱仪的核心部件，通过干涉仪获取不同光程差的干涉光。图5-14为其基本原理，主要部分包括光源(S)、固定镜(F)、移动镜(M)、分束器(O)和检测器(D)等。分束器(beam splitter)可根据波长范围不同，采用不同的介质涂层实现分束功能并保证特定波数时的透射和反射各半且光束振幅最大，它的作用是将入射光束分成反射和透射两部分，并使之复合，而移动镜可使两束光造成不同的光程差，获得不同光程差的干涉光。对分束器的要求是在波数 ν 处使入射光束透射和反射各半，此时被调制的光束振幅最大。

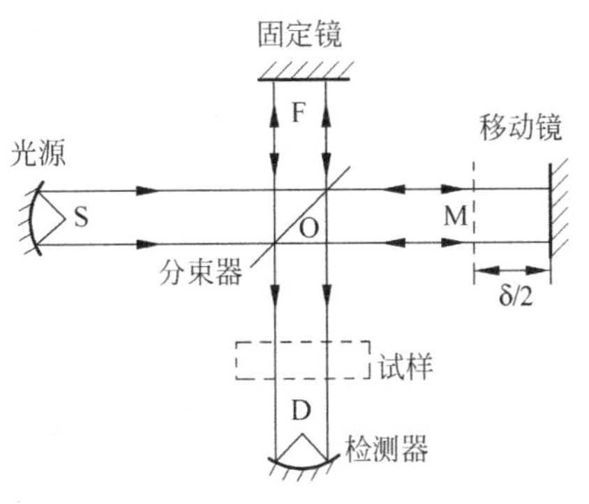

图5-14　迈克耳孙干涉仪原理图

通过固定镜与分束器入射单色光分为50%透射光与50%反射光，通过移动镜的移动使反射光与透射光发生干涉，获得不同光程差的干涉光，由检测器收集这些干涉光信号。干涉光强度变化可用下式表达：

$$I(x)=B(\nu)\cos(2\pi\nu x)$$

式中：$I(x)$为干涉光的强度，$B(\nu)$为入射光的强度，B是频率ν的函数，则干涉强度应是各单色光的叠加，可用下式表述：

$$I(x)=\int_{-\infty}^{\infty}B(\nu)\cos(2\pi\nu x)\mathrm{d}\nu$$

由上式可知，干涉光强度包含了探测光信号所有频率与强度信息，样品放置于光路引起的频率与强度的改变将反映到干涉光强度的变化上来。因此可利用傅里叶变换技术，获得任意频率的光强，即获得我们所需的红外光谱，样品红外吸收或透光特性也将反映到该光谱分布式来：

$$B(\nu)=\int_{-\infty}^{\infty}I(x)\cos(2\pi\nu x)\mathrm{d}x$$

红外光源与样品中分子作用时，若分子振动频率与红外光频率一致，则会发生共振吸收，透射光谱强度减弱，在光谱图中，纵坐标为线性透光率(%)，横坐标为波数，称为透射光谱图。纵坐标也可采用非线性吸光度，则称为吸收光谱图。

3. 扫描器

图5-15为扫描器扫描原理结构图，扫描器的扫描速度主要由He-Ne激光器产生单色激光精确调控。扫描激光光束将与红外光束一起被调制。通过干涉电路板(interferometer board)被送到扫描控制电子元件(scanner control)，垂直放置的检测器将会同时检测两束激光。

4. 检测器

傅里叶变换红外光谱的检测器与传统光谱仪检测一样，在不同波长范围需要不同的检测器，针对不同光谱波长，常用的有铌酸钡锶、DTGS、碲镉汞和锑化铟等检测器，具体的检测波长范围如图 5-16 所示。

5. 数据处理系统(acquisition processor)

傅里叶变换红外光谱仪一般采用计算机控制,实现光学元件控制、光学信号收集、分析及图谱输出等功能。

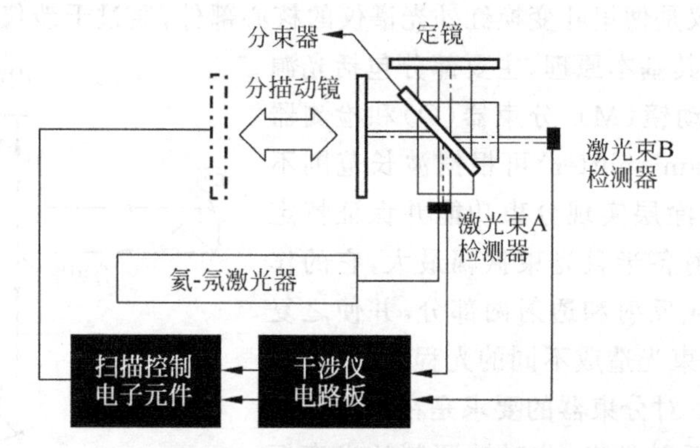

图 5-15 扫描器扫描原理结构图

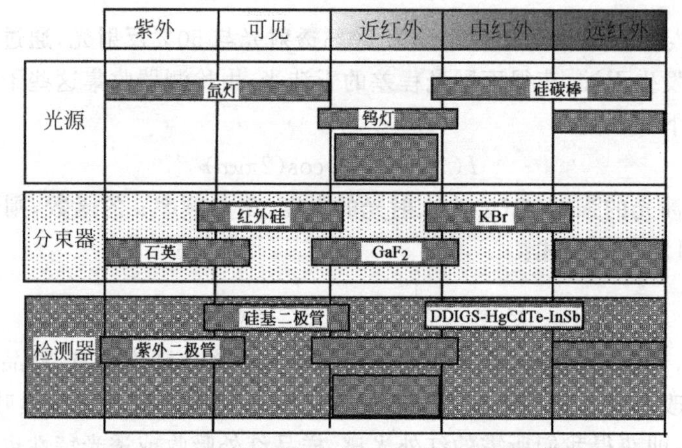

图 5-16 不同波长的红外光源、分速器和检测器

5.4.3 红外光谱测试样品制备

半导体材料红外光谱测试分吸收光谱与反射光谱,因此样品制备要求各有不同。吸收光谱需要选择红外波段透光性能较好的材料,样品需要通过研磨和抛光,且需要双面抛光。但发射光谱仅需要单面抛光。抛光后的样品表面的不平度应小于 5 分弧度。

样品抛光前,通常需要研磨。一般的磨料为金刚砂,根据抛光程度不同,可采用不同粗细程度的磨料分步研磨,逐步达到所需要的光滑度。样品抛光一般可分为机械抛光和化学抛光。机械抛光采用抛光布,通过使样品在抛光盘做星式运动进行抛光,抛光过程中需不断加入抛光液。化学抛光前需首先清除表面污染物,然后根据不同样品配制不同抛光液,样品浸入抛光液并搅拌抛光液进行化学抛光。

由于样品厚度会影响光学吸收,因此样品厚度应根据其吸收系数 α 值确定,一般建议样品厚度 d 满足: $d\alpha=0.22\sim1.6$。如果样品太薄的双面抛光样品,有可能的红外光谱,可能仅仅获得其干涉图谱。

5.4.4 测试条件

影响红外光谱测试结果有多种因素，对于半导体材料红外光谱测试，需考虑温度、仪器分辨率、样品厚度、样品表面等影响。

为避免温度对红外测试的影响，测试过程需尽量保证恒温。对于半导体材料，温度越高，本征吸收越严重，可能导致较大误差，因此一般需要在低温下进行半导体材料红外测试。尤其是在常温下测试不能观察到的红外吸收峰，在低温测试也许就能清楚地观察到。例如在低温时(10～80K)可以检测到区熔硅材料中的氧的红外吸收峰。

此外，红外谱仪的分辨率可能影响测试结果，如国家标准规定硅晶体氧含量的测定，要求在波数为 $1107cm^{-1}$ 的分辨率应小于 $5cm^{-1}$。分辨率低，可能丢失红外光谱的精细信息，但分辨率太高，测试时间长，也有可能得不到红外光谱，只得到样品两表面形成的干涉光谱，因此选择仪器分辨率，需根据测试材料来确定。在半导体样品的红外测试，同样也应该考虑样品厚度、表面形貌及载流子浓度对测试结果的影响，样品太薄可能得不到红外光谱，表面太粗糙可能降低测试精度，载流子浓度过高可能红外光吸收严重，得不到所需红外光谱信息。

5.5 扫描探针显微镜

IBM公司的宾尼希(G. Binning)和罗雷尔(H. Rohrer)在1981年基于量子隧穿发明了扫描隧道显微镜(scanning tunneling microscope, STM)，为表面分析提供一种全新的分析手段。STM利用探针与表面间隧穿电流的大小来感知表面结构，可以达到原子级实空间分辨率，是电子显微学的一个重大突破，对物理、化学、生物、材料等研究领域的发展产生了巨大的推动作用。该发明成果也因此获得了1986年诺贝尔物理学奖。此后，原子力显微镜(atomic force microscope，AFM)也被发明。AFM主要通过探针与表面作用产生力作用反馈获得其表面结构。

一般地，AFM与STM称为扫描探针显微镜(scanning probe microscope, SPM)技术。在STM和AFM的基本原理基础上，发展了一系列检测表面特性的显微镜，如弹道电子发射显微镜(BEEM)、扫描电容显微镜(SCM)、扫描热显微镜(STHM)、磁力显微镜(MFM)、静电力显微镜(EFM)、扫描近场光学显微镜(SNOM)等，已超过20多种，这些都称为扫描探针显微镜(SPM)。SPM技术一直都在发展与完善中。SPM不仅可以实现原子级分辨率的表面观测，同时也可以用于原子操纵和纳米加工。STM与AFM目前也广泛地应用于纳米加工领域。

本节将重点介绍SPM中的一些常用的原理与技术，如STM、AFM、SNOM等，并简单说明其在半导体材料与技术上的应用。

5.5.1 扫描隧道显微镜

1. 工作原理

STM的基本原理是量子隧道效应。量子力学认为电子可以用波函数描述，即使电子能量比势垒低，电子仍有一定的概率隧穿势垒，这就是量子隧道效应。电子隧穿势垒的概率与势垒的宽度成指数衰减关系。STM的工作原理是基于量子隧道效应，STM探针的电子输运到样品表面，可以看作电子隧穿真空势垒的过程。下面将进一步阐述 STM 原理与过程。

如图 5-17 所示，图(a)中若 STM 探针离样品表面距离较远，真空势垒较厚，电子隧穿概率随垒宽指数级衰减，电子隧穿势垒的概率非常小，样品表面难以接收到电子。图(b)中当探针距离表面很近时(约 1nm)，电子隧穿概率指数级大大增加，样品表面能接受到探针输运的电子。进一步用电子能级图来说明 STM 电子隧穿过程。如图 5-18 所示，图(a)为金属表面电子能级图，功函数 Φ 定义为真空能级 E_V 与费米能级 E_F 之差，在零温时，金属电子都是位于费米能级以下，若功函数较大，电子不能发射出金属表面；图(b)中若 STM 针尖与样品是同种材料，则其与费米能级一样，探针与样品间距可看作真空势垒层；图(c)在 STM 针尖加上偏压后，探针电子能量提升，隧穿势垒被压薄，电子可隧穿到样品表面。调整针尖与样品表面的距离，隧穿电流将指数级改变，通过探测电流的变化就可以检测样品表面形貌的变化。这就是 STM 的基本原理。

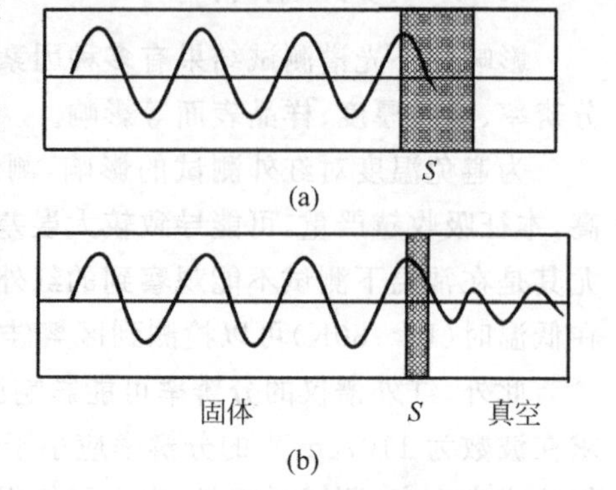

图 5-17 电子隧穿效应示意图

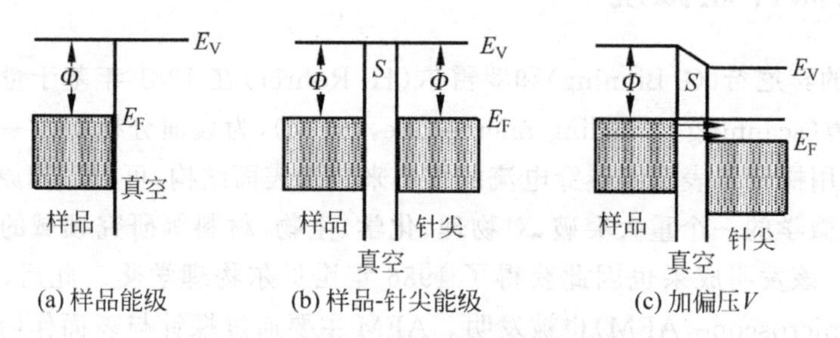

图 5-18 针尖与样品隧穿过程的能级图

STM 的原理示意图如图 5-19 所示，通过 STM 探针在样品表面扫描，通过探针与样品之间的隧穿电流变化曲线即可获知样品表面形貌。为实现以上功能，STM 通常由扫描隧道显微镜装置、控制系统、数据分析与处理系统等三大部分组成。扫描隧道显微镜装置主要由探针扫描机构、探针间距控制机构及装置减振系统等构成。

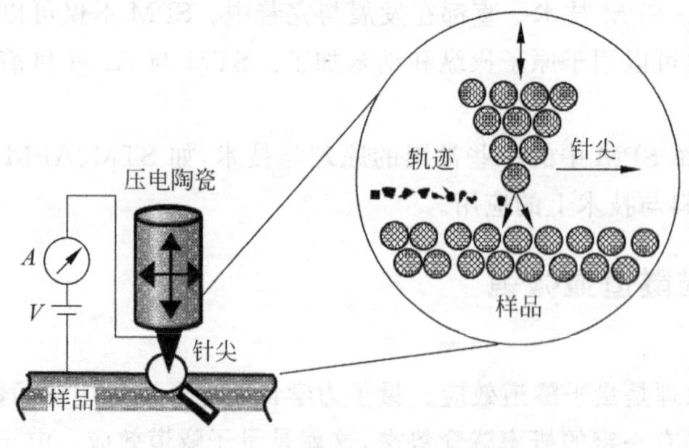

图 5-19 STM 扫描原理示意图

STM 针尖通常安装在可三维运动的压电陶瓷支架上，一般有条形、三角与管状三种结构，如图 5-20 所示。图(a)条形结构在侧壁加电压时，可沿长度方向确定针尖运动；图(b)三角结构分别在三侧壁施加电场，可实现针尖沿 X、Y、Z 方向上的运动；图(c)管状结构与三角结构作用类似可实现 X、Y、Z 方向上的运动，但控制更为方便，目前已被 SPM 广泛使用。

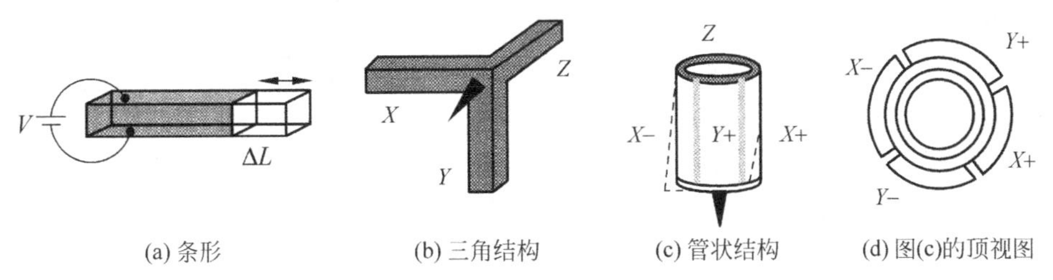

图 5-20 STM 扫描针尖的驱动结构

STM 反馈电路是其关键运动控制系统，如图 5-21 所示。STM 探针运动导致电流变化通过反馈电路放大，并根据设定需要实现压电陶瓷所需运动控制。通过反馈控制，可实现探针针尖自动地跟踪表面起伏的轨迹，通过 XY 扫描探测表面原子形貌像。STM 扫描像一般用灰度或者彩色来表示表面原子的高低(图 5-22)。

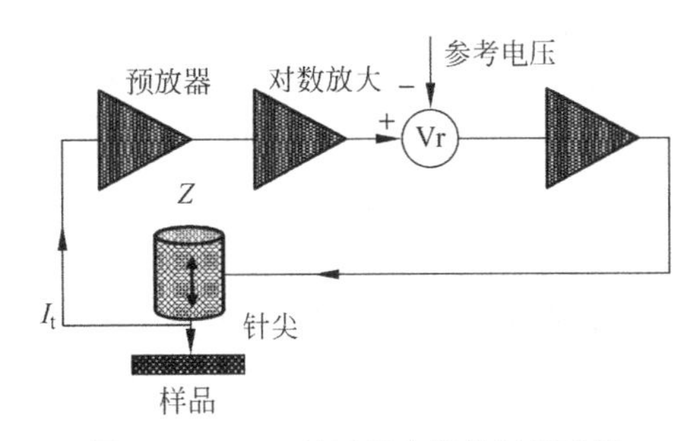

图 5-21 STM 的反馈电路控制原理图

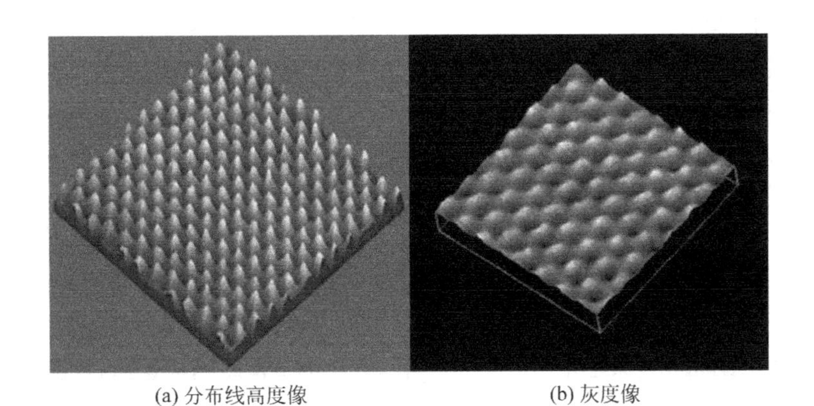

图 5-22 高定向石墨表面的 STM 原子像

数据分析系统主要通过计算机进行样品表面扫描数据收集、分析与处理，STM 像可显示在显示屏与以某种格式存储在硬盘或光盘上。STM 像分辨率横向可达(横向可达 0.1nm，纵向优于 0.01nm)。由于 STM 成像原理基于隧道电流，因此样品表面应该是导电表面。对于不导电表面，应基于原子间力相互作用来实现表面形貌测量，如 AFM 方法。

2. 工作模式

STM有两种工作模式获取样品表面的形貌像，如图5-23所示。图(a)恒流模式：通过反馈电路保持隧穿电流不变以及Z方向压电陶瓷上电压的变化来获取样品表面形貌像。图(b)恒高模式：保持探针固定，根据表面原子起伏变化导致隧穿电流的变化来获取表面形貌结构。

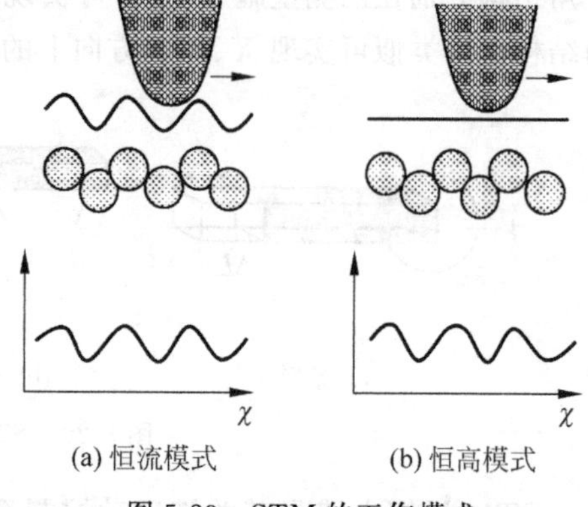

图5-23 STM的工作模式

恒流模式一般用于大面积或粗糙表面观测，针尖不容易损坏，测量精度相对较低；恒高模式适应小范围、高分辨率表面观测，为了避免针尖损坏，测试表面需要平滑，同时也需要通过控制软件保持最佳扫描角度与平均恒高状态。测试过程中，隧穿电流通常为数纳安(nA)到皮安(pA)量级。如图5-24所示，在STM实际测量时，首先采用恒流模式进行大面积粗测，在此基础上，选定光滑平整区域，采用恒高模式获得具有原子分辨的局域形貌像。数据采集系统通过采集压电陶瓷的电流或电压信号，进行分析处理，获得样品表面的STM像，并进行显示与存储。

此外，如图5-25所示，测试STM像，可以采用正向偏压与反向偏压测试，基于电子隧穿效应，正向偏压往往测试的为电子占据态像，反向偏压测试的为空穴态像。两种STM像有较大差别，可以分别分析样品的不同结构信息。

由于STM针尖与样品间距为亚纳米，测试过程中，要特别注意防止仪器振动(平台振动，空气传播的振动)，同样需要考虑电路漂移和样品的热膨胀问题，需要保持恒温环境。

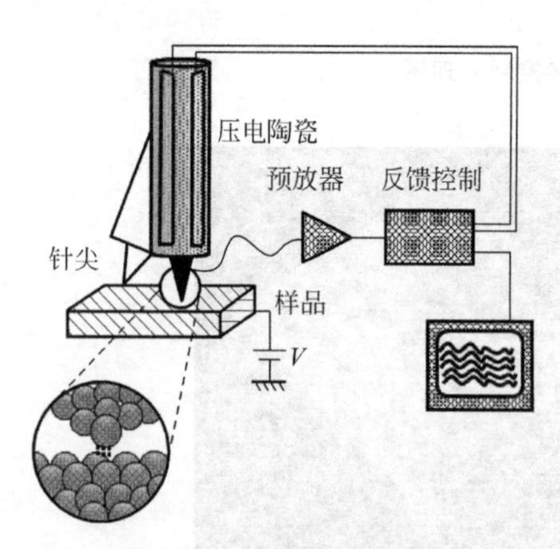

图5-24 STM结构原理图

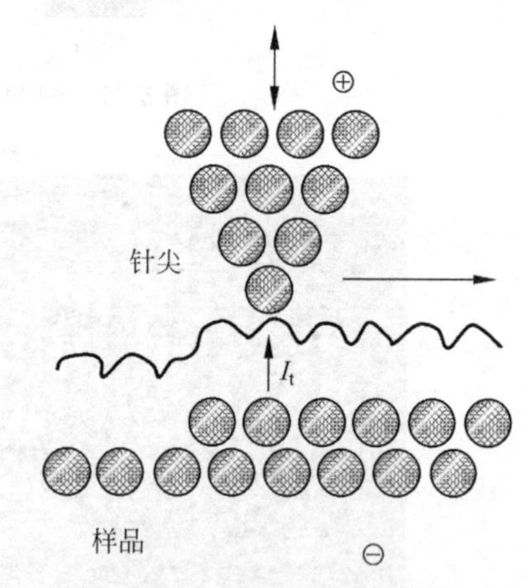

图5-25 恒流模式下，从电子占据态像到空态像测试

3. 表面结构STM分析

STM是SPM家族中最典型、最具代表性样品表面分析工具。除了能获取原子分辨率在三维形貌的结构像，还可以进行原子操纵与纳米加工。下面就表面结构STM分析相关技术进行简要阐述。

(1) STM探针技术。STM探针需要纳米尺度甚至一个原子的针尖，用于产生强的局域电场，实现在较低偏压下获得高质量的形貌像。为形成纳米或原子尖端的 STM 探针，通常用 KOH 或 NaOH 溶液电化学腐蚀钨（W）丝制成；也可用铂铱合金（PtIr）针尖剪切而成。制造具有原子分辨的稳定的、可重复的 STM 针尖一直是 STM 成像技术中一个重要研究课题。至当前 STM 实验中通常使用的探针是铂铱（PtIr）丝或钨（W）丝针尖。

（2）标准样品。在低或高分辨模式下，通常采用高定向裂解石墨（highly oriented pyrolytic graphite ，HOPG）原子级的表面结构像的质量作为参考标准。除了金刚石结构，具有晶体结构的 HOPG，是碳同素异构体中热力学最稳定的结构形式，另一种如图 5-26 所示。图（a）石墨的最近邻原子间距为 1.41Å，层间距为 3.35Å。图（b）是石墨顶视图，晶体结构层按照 ABAB…方式排列。图（c）是金刚石结构，最近邻碳原子间距为 1.54Å，晶体排列方式为两个面心立方嵌套结构沿体对角线方向偏移 1/4 单位距离，C—C 键为 sp^3 杂化。石墨是六角密堆排列的层状结构，层内化学键是 sp^2 杂化，层间是范德瓦尔斯键结合，具有良好的导电性能，在大气中极为稳定，不易氧化或表面吸附，可作为 STM 标准样品，为其他样品进行测试标定。

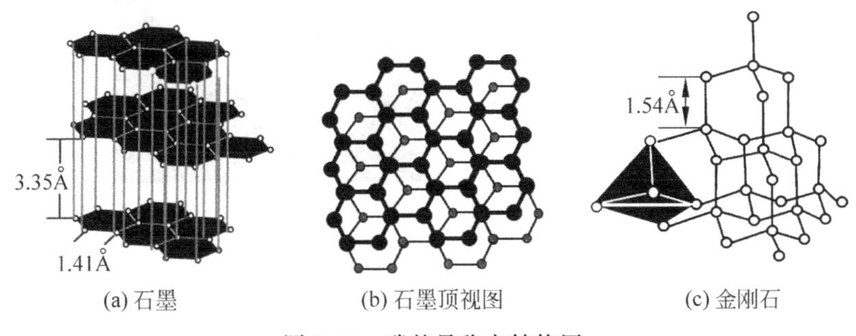

(a) 石墨　(b) 石墨顶视图　(c) 金刚石

图 5-26　碳的最稳定结构图

为制备 STM 标准 HOPG 样品，可通过双面胶带剥离石墨表面制得。所制得的 HOPG 表面应该平滑干净。图 5-27 为 5nm×5nm 的 HOPG 原子级结构的表面像。若采用 STM 不能获取标准的 HOPG 原子像，在排除针尖、样品污染及环境干扰的情况下，就要怀疑 STM 仪器本身的问题。因此，能否获得标准的 HOPG 的原子级分辨像，也是验收 STM 仪器是否达到要求的一个基本标准程序，同时也是对 STM 操作者基本技能掌握情况的检测。通过原子分辨像，通过图像分析处理，可获得原子间距、原子缺陷及台阶位错等信息。

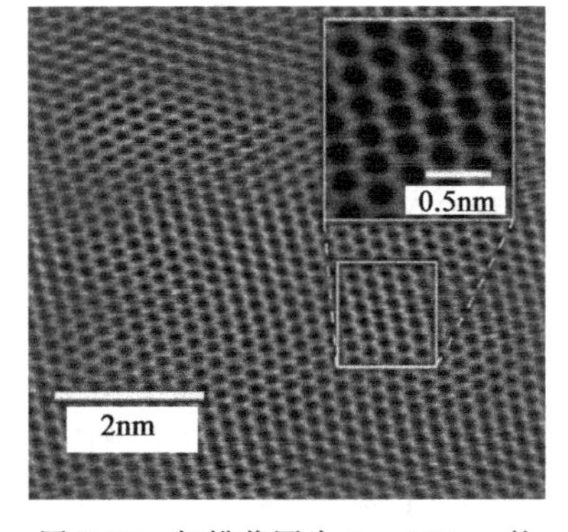

图 5-27　扫描范围为 5nm×5nm 的 HOPG 的 STM 像

此外，除 HOPG 可用 STM 的标准样品外，二硫化钼（MoS_2）和二硫化钽（TaS_2）等层状晶体材料都用于 STM 标准样品的制作。

5.5.2　原子力显微镜

1. 工作原理

AFM 是 SPM 家族中另外一个最重要的表面分析与纳米加工工具，利用探针在样品表面进行二维扫描运动，可以获得原子尺度分辨率的表面结构形貌像。AFM 能测试表面形貌结构的基本原理是基于探针与样品表面的作用力，该作用力与探针和样品表面间距离存在着某种关系。在 AFM 探测中，利用传感器测试探针原子与样品表面原子间作用力强度分布像获得样品表面结构的形貌。利用探针与样品表面作用力原理测试样品表面结构特征，基于不同性质的力，衍生出磁力显微镜(MFM)、静电力显微镜(EFM)、摩擦力显微镜(LFM)，以及化学力显微镜(CFM)等各种 SPM，统称为扫描力显微镜(SFM)。AFM 相对于以上 SFM，不受材料的结构特征、导电属性及表面性质的限制，应用范围更加广泛，近年来也普遍应用于纳米半导体表面特性分析和纳米加工领域。

AFM 的核心结构如图 5-28 所示，主要包括，金字塔形针尖(a)，与连接针尖的悬臂梁(b)，并辅助用于感知针尖位移的探测系统。悬臂和针尖可以利用 Si，SiO_2，Si_3N_4 等材料采用常用的微电子加工技术制备。力传感器可以采用激光束反射与光敏位置检测器(PSPD)收集。

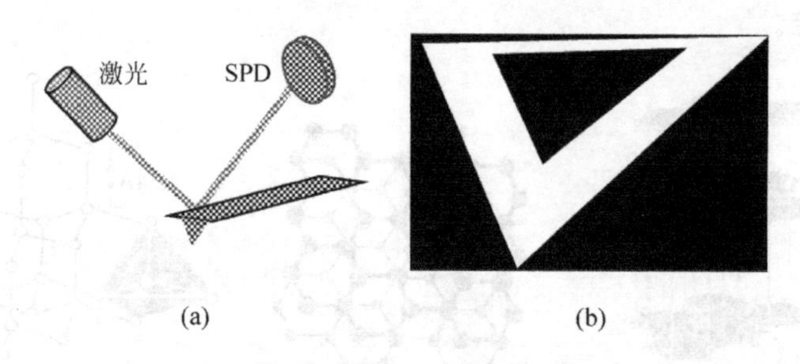

图 5-28　AFM 的基本结构

如图 5-29 所示，AFM 探测表面过程与 STM 相似，也是针尖逼近样品表面的过程，随着针尖不断接近表面开始为弱的吸引力(范德瓦尔斯力)，随着距离缩小，吸引力先增大后减小直到零，之后排斥力迅速上升。我们可以利用针尖-样品间作用力的特性，通过作用力测试得到样品表面的结构形貌像。

AFM 的结构原理如图 5-30 所示，悬臂为 Si 或 Si_3N_4，其前端下方为针尖，悬臂背为激光反射镜面，采用光敏检测器测量反射光斑的移动，移动量变化大小反映出样品表面形貌变化。样品的三维移动采用压电陶瓷驱动。AFM 通过分析针尖与表面的作用力来实现各种

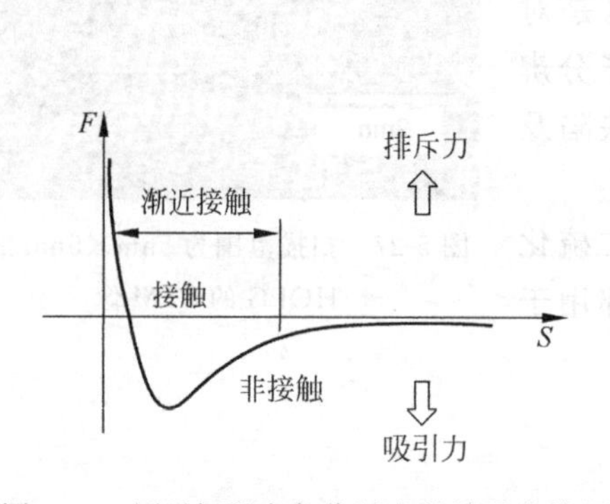

图 5-29　原子间距离与作用力的关系曲线图

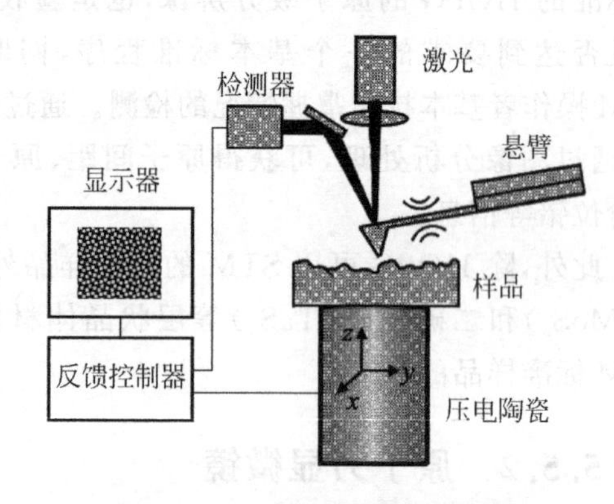

图 5-30　AFM 基本结构原理图

样品表面的分析，可用于测量金属、半导体、绝缘体甚至生物样品。AFM系统通过激光束从悬臂上反射，检测这个悬臂的弯曲来实现微小作用力测试，因此力的检测灵敏度非常高，可以达到皮牛(picoNewton,pN)量级，从而可以防止针尖损坏样品。

2. 工作模式

基于针尖-样品相互作用方式不同，AFM扫描主要有三种模式：接触模式、轻敲模式和非接触模式。其中轻敲模式为接触与非接触轮换测试，短时间接触，大部分时间不接触的一种测试模式。

(1) 接触模式。它是AFM最广泛使用一种测试模式。扫描过程中，针尖与样品一直保持紧密接触，针尖与样品表面作用力位于排斥区。测试分辨率较高，横向1.5nm，纵向0.05nm。在分析绝缘体和导体具有较大的优势，也可在空气和液体环境中进行测试。接触模式的缺点是针尖容易折断，也容易导致样品损坏，从而导致样品表面形貌图失真。

(2) 轻敲模式。扫描过程中，一般以悬臂共振频率轻敲样品表面，仅短时间保持针尖与样品接触，显著地减小了横向力，防止了样品表面的损伤。此外，对于难以固定或柔性样品，一般选用轻敲模式。

(3) 非接触模式。在扫描过程中，针尖不与样品表面接触，其与样品表面的距离保持在其吸引力区。

与SEM相比，AFM具有更大的形貌对比度，非接触模式无须损坏样品。与TEM相比，三维AFM原子像不需特殊的制样工艺。但对于AFM的非接触模式，难以控制，样品表面污染时，测量结果误差较大。因此，在非干燥气体、液体等低真空系统中，建议采用轻敲模式。AFM相关操作模式可见表5-7。

表5-7 AFM的操作模式及其作用方式

序号	操作模式	相互作用力	备　注
1	接触模式	强(排斥力)	恒定力或恒定距离
2	非接触模式	弱(吸引力)	振动探针
3	中等接触模式	强(排斥力)	振动探针
4	横向力模式	摩擦力	扫面悬臂存在扭转
5	静电力	库仑作用力	振动探针
6	磁力	表面磁场成像	
7	热扫描	热导率分布成像	

AFM工作模式选择一般采用计算机自动控制与设定，主要通过反馈电路来实现。对于平滑样品，如果需要高的分辨率，则需要设置较小的反馈量。

基于AFM探针与表面作用力的原理，发展出一些新型的扫描显微镜，如磁力显微镜(MFM)、扫描电容显微镜(SCM)、静电力显微镜(EFM)、扫描热导显微镜(SKM)等。这些扫描电镜一般大于引力区域，利用更长程作用力的特征实现表面成像，也称为升高模式的扫描力显微镜。如MFM采用镀有磁性薄膜针尖，通过提升磁化针尖到几十纳米的高度，可以获得磁畴分布像。如图5-31所示，非磁化针尖近程作用获得AFM高度分布像，而在长程磁力作用下获得MFM磁畴像。

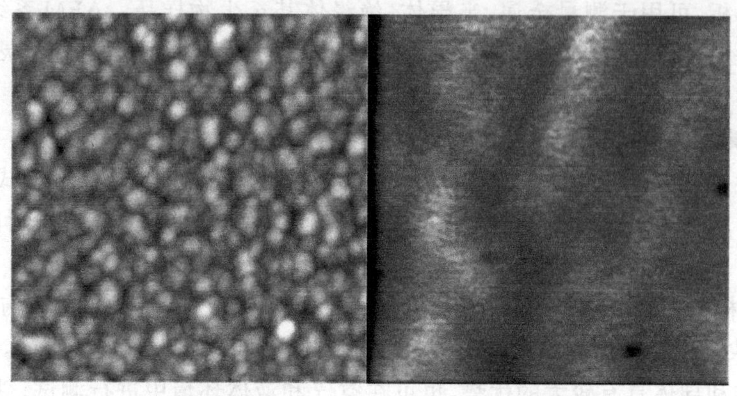

图 5-31 100μm 大小的磁盘 SFM 像

3. 针尖效应

扫描针尖是影响 AFM 分辨率最重要的因素之一。最初，AFM 针尖仅仅是简单地将金刚石尖粘到铝箔条上。现在最好的商用探针的针尖曲率可小于 5nm。若针尖曲率不够小，获得的形貌像失真。一般来说，针尖曲率半径等于或大于成像尺寸时，AFM 图像将会展宽或畸变。如图 5-32 所示，图(a)为针尖曲率大引起的卷绕效应，得到的形貌像远大于实际尺度；图(b)为针尖扫描深坑时引起的斜壁效应。直壁结构的深坑，扫描获得形貌三角形坑，对于深坑 AFM 测试，一般需要特殊针尖。此外，对于柔性生物样品(如 DNA)，展宽不仅与针尖有关而且与作用力有关，需要对针尖进行特殊处理或表面修饰。从而发展出了化学力显微镜(CFM)，CFM 的针尖上涂有序单层(有机分子，可用来评测有机材料的分子作用力与化学功能特征)。

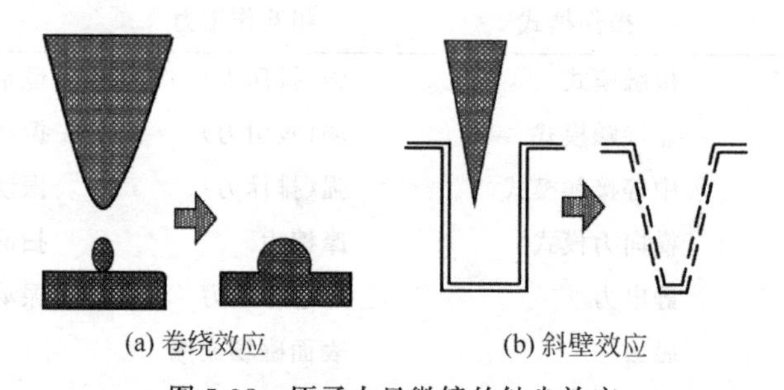

图 5-32 原子力显微镜的针尖效应

5.5.3 扫描近场光学显微镜

光学显微技术是发展得最早的传统显微分析方法，能够获得材料的吸收、反射、相差、荧光、偏振等多种光学信息，能在多种环境条件(如大温度范围内的空气、液体及真空)下应用。因此，在半导体光电器件分析、信息存储器件、大规模集成电路、生物成像等领域有着极为广泛的应用。但光学显微技术的分辨率受光学波长限制，难以满足空间分辨率的高要求。德国科学家阿贝(E. Abbe)通过衍射理论得出基于衍射效应光学显微镜能够探测到的物体最小分辨率总是半波长。瑞利(C. Rayleigh)进一步给出了瑞利判据，光学最小分辨率为：

$$\delta \geqslant \frac{0.61\lambda}{n\sin\theta}$$

式中：λ 为波长，n 为折射指数，θ 为衍射孔径角。上式表明，传统光学显微镜的最小分辨率 δ 与入射光波长 λ、折射率 n、显微物镜的半孔径角 θ 紧密相关。若 $n<2$，$\sin\theta<1$，则 δ 一般不小于半波长。由瑞利判据可知，要提高光学显微镜分辨率，可以选择更短的波长(紫外光、X 射线、电子等)，提高折射率或孔径角 θ(如油浸显微物镜)。但是，利用传统光学技术提升显微镜分辨率已接近极限。发展新型光学显微技术势在必行。近场光学原理为其提供了可能，传统光学显微镜为垂直于检测表面的远场光，其分辨率依赖于波长尺寸。平行于检测表面的近场光可以突破衍射限制，实现小于光波长的分辨率，以及材料表面纳米形貌的测试。扫描式近场光学显微镜(scanning near-field optical microscope，SNOM)的基本测试原理是首先在 1928 年由辛格(Synge)提出，在远小于一个波长的距离内进行光学测量，其空间分辨率可以突破衍射极限。SNOM 的光学探针在远小于波长的近表面，光束半径也远小于光波长。通过 STM 技术实现 SNOM，可以得到可见光的近场成像。如在距离表面 10nm 内，采用 10nm 光束入射，进行 10nm 步长扫描进行近场光学成像，可以实现超高分辨率的光学显微像。因此 SNOM 的探针制作技术是关键。早期 SNOM 探针是以玻璃细管拉成，通过表面镀铝形成纳米光阑。近来也采用类似 AFM 探针技术来制作 SNOM 探针。如首先制备锥形针尖，然后在锥的侧面蒸镀金属膜，以未镀膜的针顶作为通光小孔，通光效率显著提升。探针与样品表面的间距可以采用剪切力原理调控，通过样品-探针的小间距有效调控与通光效率大幅提升，使得近场光学显微技术得到了飞速的发展，已广泛地应用在半导体器件、存储器件、近场光谱、生物化学等领域。

1. 工作原理

光学成像的基本原理是物体通过发射光或反射光被探测器接受而形成图像。一般三维图像形成了二维光强分布像。SNOM 超衍射极限分辨率成像基本原理如图 5-33 所示，SNOM 近场光学成像是非辐射场产生的：亚波长光学探针扫描表面获取局域信息，通过近场光信息分析获得整个样品表面的微结构光学图像。

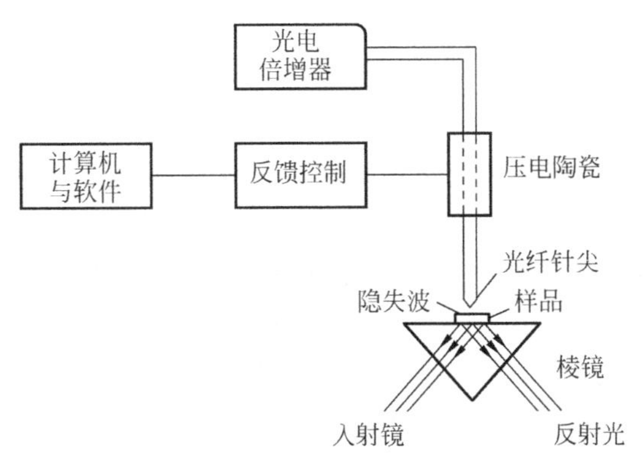

图 5-33 SNOM 成像原理示意图

近场一般为距离样品表面几纳米到几十纳米的区域，此外就是远场。近场光学像来源于近场光与样品表面相互作用后的光场分布信息。近场光包括向外辐射的传播场与主要限制在样品表面附近并迅速衰减的非辐射场，分别被称为辐射波与隐失波。隐失波是不均匀场，与样品表面性质及结构紧密相关。在近表面空间，近场分布主要为隐失波。若光场振幅为 $E(k_x, k_y, z)$，以 $\exp[2\pi i(k_x x + k_y y)]$、$\exp(-z/z_e)$ 分别表示波在 x、y 方向传播及在 z 方向衰减。则 z_e 为隐失波的有效穿透深度，可用来衡量隐失波的衰减速度，即复振幅衰减为 $z=0$ 平面上值的 $1/e$ 时与样品表面的距离，可表示为

$$z_e = \frac{1}{k\sqrt{\lambda^2(k_x^2 + k_y^2) - 1}} = \frac{\lambda}{2\pi\sqrt{\lambda^2(k_x^2 + k_y^2) - 1}}$$

隐失波场是沿 x、y 方向传播而沿 z 方向迅速衰减的电磁波。因此，样品表面的亚波长微结构信息可以用隐失波场检测，而且结构越精细，近场作用越强。而远场主要是辐射波，难以反应样品表面的亚波长结构信息。在近场光学测试中，探针是关键，SNOM 的针尖与样品结构如图 5-34 所示，针尖是外面镀有铝膜的尖锥光纤，测试时需要保证针尖-样品间距离小于 $\lambda/2$。样品表面结构越精细，隐失波的局域性越强。因此若要得到更小的分辨率，需要使探针与样品表面的距离尽量小。

SNOM 表面结构探测原理图如图 5-35 所示为。当探针孔径足够小及离表面距离足够近的条件下，跟样品表面作用产生了隐失波，该隐失波保留了表面结构的信息，通过探测器收集表面局域结构引起的隐失波的光场变化数据，通过这些数据可以重构出样品二维表面图像。

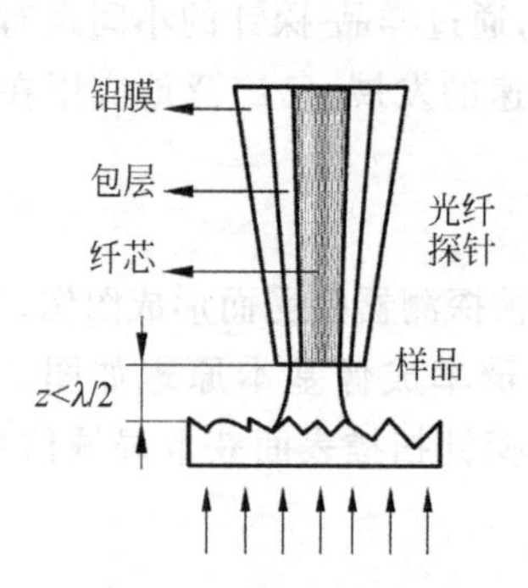

图 5-34 SNOM 的针尖与样品表面作用示意图

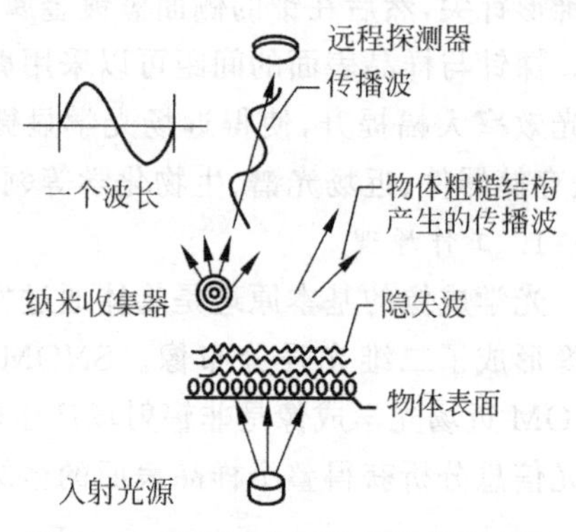

图 5-35 SNOM 表面结构检测原理图

2. 工作模式

基于以上原理，可以采用多种光路系统实现 SNOM 成像，如图 5-36 所示，主要有 6 种光路工作模式。

作为光谱技术中的重要方法，拉曼散射可以测定材料结构的分子振动特性，用来测定材料的结构与成分。在纳米金属(如 Ag, Au, Cu, Ni, Na, K, Fe, Co 等)颗粒表面，若吸附有机物，可实现拉曼散射增强，称为表面增强拉曼散射光谱(surface enhanced Raman scatteriing, SERS)，利用 SERS 技术，可对极微量的分子及纳米表面进行成分分析，如吸附于金属纳米颗粒的单分子、DNA 与 RNA 有机分子等，灵敏度可达到 10^{-15} M。结合 SERS 与 SNOM，进一步发展出了扫描近场拉曼显微镜(SNRM)，实现了既可以测试表面形貌，又可以分析表面成分结构。

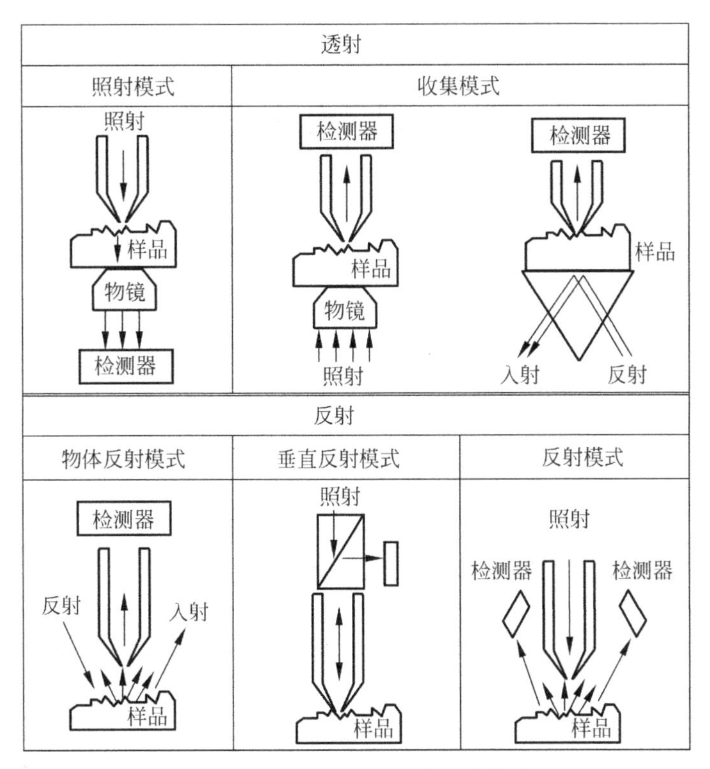

图 5-36 SNOM 光路系统结构模式

附录A

Si半导体特性参数

A.1 基本参数(300K)

参　数	参 考 值
晶体结构	金刚石
对称群	O_h^7-Fd3m
$1cm^3$ 中原子数	5×10^{22}
俄歇复合系数/(cm^6/s)	
C_n	1.1×10^{-30}
C_p	3×10^{-31}
德拜温度/K	640
密度/(g/cm^3)	2.329
介电常数	11.7
电子有效质量(单位质量)	
纵向 m_l/m_o	0.98
横向 m_t/m_o	0.19
空位有效质量(单位质量)	
高质 m_h/m_o	0.49
轻质 m_{lp}/m_o	0.16
电子亲和性/eV	4.05
晶格常数/Å	5.431
光学波声子能量/eV	0.063

能带结构与载流子浓度

参　　数	参　考　值	参　　数	参　考　值
能带/eV	1.12	本征电阻率/(Ω·cm)	3.2×10^{5}
能量间隙(E_{r2})/eV	4.2	有效传导带密度/cm^{-3}	3.2×10^{19}
自旋轨道分裂能/eV	0.044	有效价带密度/cm^{-3}	1.8×10^{19}
本征载流子浓度/cm^{-3}	1×10^{10}		

电学性质

参　　数	参　考　值	参　　数	参　考　值
击穿场强/(V/cm)	$\approx3\times10^{5}$	扩散系数/(cm^2/s)	
迁移率/[cm^2/(V·s)]		电子	≤36
电子	≤1400	空穴	≤12
空穴	≤450	电子热速度/(m/s)	2.3×10^{5}
		空穴热速度/(m/s)	1.65×10^{5}

光学性质

参　　数	参　考　值	参　　数	参　考　值
折射率	3.42	辐射复合系数/(cm^3/s)	1.1×10^{-14}

热力学性能

参　　数	参　考　值	参　　数	参　考　值
体积弹性模量/(dyn/cm^2)	9.8×10^{11}	热导率/[W/(cm·℃)]	1.3
熔点/℃	1412	热扩散系数/(cm^2/s)	0.8
比热/[J/(g·℃)]	0.7	热膨胀,线性/$℃^{-1}$	2.6×10^{-6}

附录B Ge半导体特性参数

B.1 基本参数(300K)

参数	参考值
晶体结构	金刚石
对称群	O_h^7-Fd3m
1cm^3 中原子数	4.4×10^{22}
俄歇复合系数/(cm^6/s)	10^{-30}
德拜温度/K	374
密度/(g/cm^3)	5.3234
介电常数	16.2
电子有效质量(单位质量)	
纵向 m_l/m_o	1.6
横向 m_t/m_o	0.08
空位有效质量(单位质量)	
高质 m_h/m_o	0.33
轻质 m_{lp}/m_o	0.043
电子亲和性/eV	4.0
晶格常数/Å	5.658
光学波声子能量/eV	0.037

B.2 能带结构与载流子浓度

参　　数	参 考 值	参　　数	参 考 值
能带/eV	0.661	本征载流子浓度/cm^{-3}	2.0×10^{13}
能量间隙(E_{r1})/eV	0.8	本征电阻率/(Ω·cm)	46
能量间隙(ΔE)/eV	0.85	有效传导带密度/cm^{-3}	1.0×10^{19}
自旋轨道分裂能/eV	0.29	有效价带密度/cm^{-3}	5.0×10^{18}

B.3 电学性质

参　　数	参 考 值	参　　数	参 考 值
击穿场强/(V/cm)	$\approx10^{5}$	扩散系数/(cm^2/s)	
迁移率/[cm^2/(V·s)]		电子	≤100
电子	≤3900	空穴	≤50
空穴	≤1900	电子热速度/(m/s)	3.1×10^{5}
		空穴热速度/(m/s)	1.9×10^{5}

B.4 光学性质

参　　数	参 考 值	参　　数	参 考 值
折射率	4	辐射复合系数/(cm^3/s)	6.4×10^{-14}

B.5 热力学性能

参　　数	参 考 值	参　　数	参 考 值
体积弹性模量/(dyn/cm^2)	7.5×10^{11}	热导率/[W/(cm·℃)]	0.58
熔点/℃	937	热扩散系数/(cm^2/s)	0.36
比热/[J/(g·℃)]	0.31	热膨胀,线性/$℃^{-1}$	5.9×10^{-6}

附录C

C半导体特性参数

C.1 基本参数(300K)

参　　数	参 考 值
晶体结构	金刚石
对称群	O_h^7-Fd3m
$1cm^3$ 中原子数	1.764×10^{23}
德拜温度/K	1860
密度/(g/cm^3)	3.515
介电常数($10^2\div10^4$ Hz)	5.7
85K 电子有效质量(单位质量)	
纵向 m_l/m_o	1.4
横向 m_t/m_o	0.36
1.2K 空位有效质量(单位质量)	
高质 m_h/m_o	2.12
轻质 m_{lp}/m_o	0.70
Split-off m_{s_o}/m_o	1.06
晶格常数/Å	3.567
光学波声子能量/eV	0.16

C.2 能带结构与载流子浓度

参 数	参 考 值	参 数	参 考 值
能带/eV	5.46～5.6	纯金刚石电阻率/(Ω·cm)	
能量间隙(E_{r1})/eV	7.3～7.4	Ⅰ与$Ⅱ_a$(常规)	～10^{16}
自旋轨道分裂能(E_{so})/eV	0.006	$Ⅱ_b$	～1～10^3
本征载流子浓度/cm^{-3}	～10^{-27}	有效传导带密度/cm^{-3}	～10^{20}
本征电阻率/(Ω·cm)	≥10^{42}	有效价带密度/cm^{-3}	～10^{19}

C.3 电学性质

参 数	参 考 值	参 数	参 考 值
击穿场强/(V/cm)	10^6～10^7	电子热速度/(m/s)	～10^5
迁移率/[cm^2/(V·s)]		空穴热速度/(m/s)	～10^5
电子	≤2200		
空穴	≤1800		
扩散系数/(cm^2/s)			
电子	≤57		
空穴	≤46		

C.4 热力学性能

参 数	参 考 值	参 数	参 考 值
体积弹性模量/(dyn/cm^2)	44.2×10^{11}	热导率/[W/(cm·℃)]	6～20
熔点/℃(压力 125kbar)	4373	热扩散系数/(cm^2/s)	3～11
比热/[J/(g·℃)]	0.52	热膨胀,线性/$℃^{-1}$	0.8×10^{-6}

附录D GaAs半导体特性参数

D.1 基本参数

参　数	参 考 值
晶体结构	闪锌矿
对称群	T_d^2-F43m
$1cm^3$ 中原子数	4.42×10^{22}
德布罗意电子波长/Å	240
德拜温度/K	360
密度/(g/cm^3)	5.32
介电常数　静电	12.9
静电常数　高频	10.89
电子有效质量(单位质量)	0.063
空位有效质量(单位质量)	
高质 m_h/m_o	0.51
轻质 m_{lp}/m_o	0.082
电子亲和性/eV	4.07
晶格常数/Å	5.65325
光学波声子能量/eV	0.035

能带结构与载流子浓度

参　数	参 考 值	参　数	参 考 值
能带/eV	1.424	自旋轨道分裂能/eV	0.34
能量间隙($E_{\Gamma L}$)/eV		本征载流子浓度/cm^{-3}	2.1×10^{6}
Γ与L轨道/eV	0.29	本征电阻率/(Ω·cm)	3.3×10^{8}
能量间隙($E_{\Gamma X}$)/eV		基态有效导带密度/cm^{-3}	4.7×10^{17}
Γ与X轨道/eV	0.48	基态有效价带密度/cm^{-3}	9.0×10^{-18}

电学性质

参　数	参 考 值	参　数	参 考 值
击穿场强/(V/cm)	$\approx4\times10^{5}$	扩散系数/(cm^2/s)	
迁移率/[cm/(V·s)]		电子	≤200
电子	≤8500	空穴	≤10
空穴	≤400	电子热速度/(m/s)	4.4×10^{5}
		空穴热速度/(m/s)	1.8×10^{5}

热力学性能

参　数	参 考 值	参　数	参 考 值
体积弹性模量/(dyn/cm^2)	7.53×10^{11}	热导率/[W/(cm·℃)]	0.55
熔点/℃(压力125kbar)	1240	热扩散系数/(cm^2/s)	0.31
比热/[J/(g·℃)]	0.33	热膨胀,线性/$℃^{-1}$	5.73×10^{6}

附录E

GaN半导体特性参数

E.1 纤锌矿型 GaN 基本参数

纤锌石型 GaN	参 数 值
对称群	C46v(P63mc)
摩尔体积 V_c/(cm^3/mol)	13.61
密度/(g/cm^3)	6.11 或 6.15
1cm^3 所含原子数	8.9×10^{22}
晶格参数	粉体 a=3.1893Å 粉体 c=5.1851Å
体积弹性模量 B/GPa	210 或 20.4×10^{11} dyn/cm^2(204GPa)
dB/dP	4
杨氏模量/GPa	150
泊松比,ν 或 σ_0	0.23±0.006(0.198～0.37)
努氏硬度/GPa	15.5(300K)
微硬度	1200～1700(300K)
纳米硬度/GPa	10.8(300K)
屈服强度/GPa	0.1(1000K)
形变势,E_{ds}	未屏蔽 8.54eV,屏蔽 12eV
C_{11}/GPa	390±15,29.6×10^{11} dyn/cm^2(296GPa)
C_{12}/GPa	145±20,13.0×10^{11} dyn/cm^2(130GPa)
C_{13}/GPa	106±20,15.8×10^{11} dyn/cm^2(158GPa)
C_{33}/GPa	398±20,26.7×10^{11} dyn/cm^2(267GPa)
C_{44}/GPa	105±10,2.41×10^{11} dyn/cm^2(241GPa)

E.2 力学性能相关参数

纤锌矿型 GaN	参数值/注释
对称群	C_{6v}^4
摩尔体积,V_c/(cm^3/mol)	13.61
分子质量/(g/mol)	83.7267
密度/(g/cm^3)	6.11 或 6.15
1cm^3 中原子数	8.9×10^{22}
点阵常数	粉体 $a=3.1893$Å,$c=5.1851$Å
体积模量 B/GPa(压实性)	210[38][b] 或 20.4×10^{11} dyn/cm^2(204GPa)
dB/dP	4
杨氏模量/GPa	150
泊松比,ν 或 σ_0[$\nu=C_{13}/(C_{11}+C_{12})$]	0.23±0.06(0.198~0.37)
努普硬度/GPa	15.5(300K)
表面微硬度/(kg/mm^2)	1200~1700(300K)
纳米压痕硬度/GPa	10.8(300K)
屈服强度/GPa	0.1(1000K)
形变电位,E_{ds}	未屏蔽 8.54eV 屏蔽 12eV
C_{11}/GPa	390±15,29.6×10^{11} dyn/cm^2(296GPa)
C_{12}/GPa	145±20,13.0×10^{11} dyn/cm^2(130GPa)
C_{13}/GPa	106±20,15.8×10^{11} dyn/cm^2(158GPa)
C_{33}/GPa	398±20,26.7×10^{11} dyn/cm^2(267GPa)
C_{44}/GPa	105±10,24.1×10^{11} dyn/cm^2(241GPa)

E.3 纤锌矿型 GaN 波传播特性

波传播方向	波的特性	波速表达式	波速(10^5 cm/s 单位中)
[100]	V_L(纵向)	$(C_{11}/\rho)^{1/2}$	7.96
	V_T(横向,沿着[001]偏振)	$(C_{44}/\rho)^{1/2}$	4.13
	V_T(横向,沿着[010]偏振)	$(C_{11}-C_{12}/2\rho)^{1/2}$	6.31
[001]	V_L(纵向)	$(C_{33}/\rho)^{1/2}$	8.04
	V_T(横向)	$(C_{44}/\rho)^{1/2}$	4.13

E.4 闪锌矿型 GaN 力学性能相关参数

闪锌矿型 GaN	参数值/注释
对称群	T_d^2(F43m)
摩尔体积,V_c,V_a 或 Ω/(cm^3/mol)	$(\sqrt{3}a^2c)/4=2.283\times10^{23}cm^3$
分子质量/(g/mol)	1.936×10^{-23}
密度/(g/cm^3)	6.15
$1cm^3$ 中原子数	8.9×10^{22}
点阵常数/Å	$a=4.511\sim4.52$
体积模量 B/GPa	Bs=204,201(理论值),273,200
dB/dP	3.9,4.3
杨氏模量/GPa	181
扭转模量,C'/GPa	67
泊松比,ν 或 σ_0	0.352
努普硬度/GPa	
表面微硬度/(kg/mm^2)	
纳米压痕硬度/GPa	
屈服强度/GPa	
形变电位,E_{ds}	
C_{11}/GPa	293
C_{12}/GPa	159
C_{44}/GPa	155

E.5 闪锌矿型 GaN 波传播特性

波传播方向	波的特性	波速表达式	波速(10^5cm/s 单位中)
[100]	V_L(纵向)	$(C_{11}/\rho)^{1/2}$	6.9
	V_T(横向)	$(C_{44}/\rho)^{1/2}$	5.02
[110]	V_L(纵向)	$[(C_{11}+C_{12}+2C_{44})/2\rho]^{1/2}$	7.87
	$V_T/\!/$(横向)	$V_T/\!/=V_T=(C_{44}/\rho)^{1/2}$	5.02
	$V_T\perp$(横向)	$[(C_{11}-C_{12})/2\rho]^{1/2}$	3.3
[111]	V_l'	$[(C_{11}+2C_{12}+4C_{44})/3\rho]^{1/2}$	8.17
	V_t'	$[(C_{11}-C_{12}+C_{44})/3\rho]^{1/2}$	3.96

E.6 GaN 的热性能参数

GaN	参数值/注释
温度系数(eV/K)	$dE_g/dT=-6.0\times10^{-4}$
热膨胀/K^{-1}	$\Delta a/a=5.9\times10^{-6}$，$\alpha_{//}=\alpha_a=5.59\times10^{-6}$(纤锌矿结构)
热导性/[W/(cm·K)]	77K 下 11.9，300K 下 2.3，400K 下 1.5
德拜温度/K	600
熔点/℃	2kbar 下>1700，几十 kbar 下 2500
比热容/[J/(g·℃)]	0.49
热扩散/(cm^2/s)	0.43
形成热，ΔH_{298}/(kcal/mol)	−26.4
原子化热，ΔH_{298}/(kcal/mol)	−203
升华热/(kcal/mol^{-1})	72.4±0.5
热容/[J/(mol·K)]	300K 下 35.4
比热容/[J/(mol·K)] (298K<T<1773K)	$C_p=38.1+8.96\times10^{-3}T$
焓，$\Delta H^{\ominus}$ /(kcal/mol)	−37.7
标准熵，$\Delta S^{\ominus}$ /(kcal/mol)	−32.43

E.7 纤锌矿型 GaN 电学和光学特性

纤锌矿型 GaN	参数值/注释
带隙能，E_g(eV)直接	300K 下 3.42，1.6K 下 3.505
击穿电场/(V/cm)	300K 下 $3\times10^6\sim5\times10^6$
电子亲和性/eV	4.1
Γ 与 M-L 谷间能量间隔/eV	300K 下−1.9
M-L 谷下降能量间隔/eV	300K 下 1
	300K 下 0.6
Γ 与 A 谷间能量间隔/eV	300K 下 0.6
	300K 下 1.3~2.1
A 谷下降能量间隔/eV	300K 下 2
	300K 下 1
折射率	300K 下 0.2
	n(1eV)=2.35 或 2.3，2.29
	300K 下 n(3.42eV)=2.85(推算至 0eV)
	$E\perp c$ 表面法($E//c$ 值在 500nm 会低 1.5)
介电常数(静电)	10.4($E//c$)
	9.5($E\perp c$)
	300K 下 c 方向为 8.9($E//c$)
介电常数(高频)	5.35
	300K 下 5.8($E//c$)
	300K 下 5.35($E\perp c$)
	5.47($E//c$)

续表

纤锌矿型 GaN	参数值/注释
光学 LO 声子能量/meV	91.2
$A_1 \cdot TO, v_{A1}(LO)/cm^{-1}$	710～735　反射率 744
$A_1 \cdot TO, v_{A1}(TO_{/\!/})/cm^{-1}$	533～534　拉曼 533
$E_1 \cdot LO, v_{E1}(LO_{\perp})/cm^{-1}$	741～742　反射率 746
$E_1 \cdot TO, v_{E1}(TO_{\perp})/cm^{-1}$	556～559　拉曼 559
E_2(低)$/cm^{-1}$	143～146
E_2(高)$/cm^{-1}$	560～579
自旋轨道分裂能，E_{so}/meV	300K 下 11(＋5，－2)
晶场分裂能，E_{cr}/meV	300K 下 40
有效电子质量，m_e 或 $m_e^{/\!/}$	300K 下 $0.20m_o$
	$0.20m_o$
	通过法拉第旋转 $0.27m_o$
	0.138～0.2
有效电子质量，$m_{e\perp}$ 或 $m_e^{\perp}$	300K 下 $0.20m_o$
	$0.15 \sim 0.23m_o$
有效空穴质量	300K 下 $0.8m_o$
有效空穴质量(重)，m_{hh}	300K 下 $m_{hh}=1.4m_o$
	300K 下 $m_{hhz}=m_{hh}^{/\!/}=1.1m_o$
	300K 下 $m_{hh\perp}=m_{hh}^{\perp}=1.6m_o$
	$m_{hh}^{/\!/}=1.1-2.007m_o$
	$m_{hh}^{\perp}=1.61-2.255m_o$
有效空穴质量(轻)	300K 下 $m_{lh}=0.3m_o$
	300K 下 $m_{lhz}=m_{lh}^{/\!/}=1.1m_o$
	300K 下 $m_{lh\perp}=m_{lh}^{\perp}=0.15m_o$
	$m_{lh}^{/\!/}=1.1 \sim 2.007m_o$
	$m_{lh}^{\perp}=0.14 \sim 0.261m_o$
有效空穴质量(分裂带)/ms	300K 下 $m_{sh}=0.6m_o$
	300K 下 $m_{shz}=m_{ch}^{/\!/}=0.15m_o$
	300K 下 $m_{sh\perp}=m_c^{\perp}h=1.1m_o$
	$m_{sh\perp}=m_{ch}^{/\!/}=0.12 \sim 0.16m_o$
	$m_{sh}^{\perp}=0.252 \sim 1.961m_o$
有效密态质量$/m_v$	$1.4m_o$
有效密态导带$/cm^{-3}$	300K 下 2.3×10^{18}
有效密态价带$/cm^{-3}$	300K 下 4.6×10^{19}
电子迁移率/$[cm^2/(V \cdot s)]$	300K 下实验～1400，20K 下 50000
空穴迁移率/$[cm^2/V \cdot s)]$	＜20(300K)
n 掺杂范围$/cm^{-3}$	$10^{16}cm^{-3}$～高 10^{19}
p 掺杂范围$/cm^{-3}$	$10^{16}cm^{-3}$～中 10^{18}
电子扩散系数/(cm^2/s)	25
空穴扩散系数/(cm^2/s)	5，26，94

E.8 闪锌矿型 GaN 电学和光学特性

闪锌矿型 GaN	参数值/注释
带隙能/eV	300K 下 3.2～3.28，低温下 3.302
击穿电场/(V/cm)	$\sim 5\times10^{6}$
折射率	n(3eV)=2.9，2.3
介电常数(静电)	300K 下 9.7
	9.7，纤锌矿型由$(2\varepsilon_0^{\perp}+\varepsilon_0^{/\!/})/3$
介电常数(高频)	300K 下 5.3
Γ 与 X 谷间能量间隔，E_Γ/eV	1.4
	～1.1
Γ 与 L 谷间能量间隔，E_L/eV	1.6～1.9
	～2
自旋轨道分裂能，Δ_{so} 或 E_{so}/meV	0.02(300K)
	0.017
有效电子质量，m_e	$0.13m_o$(300K)
	$0.14m_o$
有效空穴质量(重)，m_{hh}	$m_{hh}=1.3m_o$(300K)
	$m_{hh}^{[110]}=1.52m_o$
	$m_{[100]}=0.8m_o$
	$m_{hh}^{[100]}=0.84m_o$，$m_{[111]}=1.7m_o$
	$m_{hh}^{[111]}=2.07m_o$
有效空穴质量(轻)	$m_{lh}=0.19m_o$
	$m_{lh}^{[110]}=0.20m_o$
	$m_{[110]}=0.21m_o$
	$m_{lh}^{[110]}=0.22m_o$
	$m_{[111]}=0.18m_o$
	$m_{lh}^{[111]}=0.19m_o$
有效空穴质量(分裂带)，m_s，m_{ch} 或 m_{so}	$m_{Sh}=0.33m_o$
	$m_{Sh}=0.35m_o$
	$m[100]=0.33m_o$
	$m[111]=0.33m_o$
有效导带密态/cm^{-3}	$1.2\times10^{18}cm^{-3}$(300K)
有效价带密态/cm^{-3}	$4.1\times10^{19}cm^{-3}$(300K)
电子迁移率/[cm^2/(V·s)]	300K 下≤1000
空穴迁移率/[cm^2/(V·s)]	300K 下≤350
电子扩散系数/(cm^2/s)	25
空穴扩散系数/(cm^2/s)	9，9.5，32
电子亲和性	4.1eV
光学 LO 声子能量/meV	87.3(300K)

附录F
AlN半导体特性参数

F.1 与纤锌矿机械性能相关的参数

纤锌矿 AlN	参数值/解释
对称群	C_{6v}^{4}($P6_3mc$)
$1cm^3$ 体积的原子数	9.58×10^{22}
摩尔体积 V_c/(cm^3/mol)	12.47
相对分子质量/(g/mol)	40.9882
密度/(g/cm^3)	$3.28g/cm^3$
	$3.255g/cm^3$
	$3.23g/cm^3$
晶格参数	$a=3.112Å$,$c=4.979-4.872Å$
体积弹性模量 B/GPa	159.9−210.1,21×10^{11} dyncm^{-2}(210GPa)($B_s=210$)
dB/dP	5.2～6.3
杨氏模量 E 或 Y_o/GPa	374, 308
泊松比,V 或 σ_0	0.18～0.21
沿不同晶向的泊松比 σ_0	{0001},c 轴
	{$11\bar{2}0$},a 轴
	(l=⟨0001⟩,m=⟨$1\bar{1}00$⟩){1120},a 轴
	(l=⟨$1\bar{1}00$⟩,m=⟨0001⟩)
努氏硬度/GPa	10～14(300K)
纳米硬度/GPa	18
屈服强度/GPa	0.3(1000K)
基面(0001)上的显微硬度	$800kg/mm^2$ 在 300K(努氏测试)
C_{11}/GPa	410±10
C_{12}/GPa	149±10
C_{13}/GPa	99±4
C_{33}/GPa	389±10
C_{44}/GPa	125±5
纵向声波速度,v_l	10127m/s
横波速度,v_s	6333m/s
纵向弹性模量,C_l	334GPa
剪切弹性模量,C_s	131GPa

F.2 与闪锌矿机械性能相关的参数

闪锌矿 AlN	闪锌矿部分参数
晶格参数/Å	$a=4.38$
带隙/eV	间接带隙 5.4
E_g^X/eV	4.9
E_g^L/eV	9.3
体积弹性模量,B/GPa	228
杨氏模量/GPa	
剪切模量/GPa	
泊松比,ν 或 σ_0	
C_{11}/GPa	4348
C_{12}/GPa	168
C_{44}/GPa	135
m_e^* (Γ)	0.25
m_l^* (X)	0.53
m_t^* (X)	0.31

F.3 闪锌矿型 AlN 波传播特性

波传播方向	波的特性	波速表达式	波速(10^5 cm/s 单位中)
[001]	V_L(纵向)	$(C_{11}/\rho)^{1/2}$	11.27
	V_T(横向沿着[001]偏振)	$(C_{44}/\rho)^{1/2}$	6.22
	V_T(横向沿着[010]偏振)	$(C_{11}-C_{12}/2\rho)^{1/2}$	6.36
[001]	V_L(纵向)	$(C_{33}/\rho)^{1/2}$	10.97
	V_L(横向)	$(C_{44}/\rho)^{1/2}$	6.22

F.4 纤锌矿型 AlN 的热性能相关参数

纤锌矿多型 AlN	参数值/解释
热膨胀/K^{-1}	$\Delta a/a=\alpha_{\text{II}}=4.2\times10^{-6}$
	$\Delta c/c=\alpha_{\text{ort}}=5.3\times10^{-6}$
	$\Delta a/a=2.9\times10^{-6}$
	$\Delta c/c=3.4\times10^{-6}$
	$\alpha_{\text{ort}}=\alpha_c=5.27\times10^{-6}$
	$\alpha_{\text{II}}=\alpha_a=4.15\times10^{-6}$
热导系数/[W/(cm·K)]	$K=2.85\sim3.2$

续表

纤锌矿多型 AlN	参数值/解释
热扩散系数/[W/(cm·℃)]	2.85(300K)
相对分子质量/(g/mol)	40.9882
密度/(g/cm^3)	3.28g/cm^3
	3.255g/cm^3
	3.23g/cm^3
德拜温度/K	950,1150
熔点/K	3273
	3023(100～500atm 氮之间)
	3487(2400℃,30bar)
比热/[J/(g·℃)]	0.6
热扩散系数/(cm^2/s)	1.47
生成热,ΔH_{298}/(kcal/mol)	−64
原子化热,ΔH_{298}/(kcal/mol)	−209.7
自由能/(kcal/mol)	−68.15

F.5 纤锌矿型 AlN 的光电性能相关参数

纤锌矿多型 AlN	参数值/解释
带隙能量/eV	6.026(300K)
击穿场/(V/cm)	1.2×10^6～1.8×10^6
dE_g/dP/(eV/bar)	3.6×10^{-3}
能量间隙(E_{rL})/eV	～1
Γ与 M-L 谷/eV	
能量间隙(E_{rL})/eV	0.6
Γ与 M-L 谷	
能量间隙(E_{rL})/eV	～0.2
M-L 谷	
能量间隙(E_{rL})/eV	～0.7
Γ与 K 谷	
导带 K 谷	2
价带自旋分裂能量 E_{so}/eV	0.019(300K)
晶体场裂的价带能量,E_{cr}/eV	−0.225
有效导带态密度/cm^{-3}	6.3×10^{18}
有效价带态密度/cm^{-3}	4.8×10^{20}
折射率	n(3eV) =2.15±0.05
介电常数(静电态)	9.14(300K)
	8.5±0.2(300K)
	9.32$E/\!/c$ (模型)
	7.76$E\perp c$ (实验)

续表

纤锌矿多型 AlN	参数值/解释
红外折射率	2.1～2.2(300K)
	1.9～2.1(外延膜,单晶)
	1.8～1.9(多晶膜,无定型膜)
	$3E/\!/c$ (模型)
	$2.8E\perp c$ (实验)
有效电子质量,m_e	0.25～0.39m_o(300K)
	$m_e^{/\!/}$=0.231～0.35m_o
	$m_e^{\perp}$0.242～0.25m_o
有效孔质量(重)	$m_{hh}^{/\!/}$=3.53m_o(300K)
K_z 方向 m_{hz} 或 $m_{hh}^{/\!/}$	2.03—3.13m_o(300K)
K_x 方向 m_{hx} 或 $m_{hh}^{\perp}$	$m_{hh}^{\perp}$=10.42m_o(300K)
	$m_{hh}^{/\!/}$=1.758～4.41m_o
有效孔质量(轻)	3.53m_o
K_z 方向 m_{lz} 或 $m_{lh}^{/\!/}$	$m_{lh}^{/\!/}$=1.869～4.41m_o
K_x 方向 m_{lx} 或 $m_{lh}^{\perp}$	$m_{lh}^{\perp}$=0.24～0.350m_o
有效孔质量(分裂带)	0.25m_o(300K)
K_z 方向 m_{soz} 或 $m_{ch}^{/\!/}$	$m_{ch}^{/\!/}$=0.209～0.27m_o
K_x 方向 m_{sox} 或 $m_{ch}^{\perp}$	$m_{ch}^{\perp}$=1.204～1.14m_o
有效态密度质量,mv	7.26m_o(300K)
光学生子能量/meV	99.2
$v_{TO}(E_1)$声子波数/cm^{-1}	895
$v_{LO}(E_1)$声子波数/cm^{-1}	671.6
$v_{TO}(A_1)$声子波数/cm^{-1}	888
$v_{LO}(A_1)$声子波数/cm^{-1}	659.3
$V(E_2)$声子波数/cm^{-1}	3.3
$n_{TO}(E_1)$声子波数/cm^{-1}	657～673
$n_{TO}(A_1)$声子波数/cm^{-1}	607～614
$n_{LO}(E_1)$声子波数/cm^{-1}	895～924
$n_{LO}(A_1)$声子波数/cm^{-1}	888～910
$n^1(E_2)$声子波数/cm^{-1}	241～252
$n^2(E_2)$声子波数/cm^{-1}	655～660

F.6 闪锌矿型 AlN 的光电性能相关参数

闪锌矿多型 AlN	参数值/解释
带隙能量,E_{cr}/eV	4.5
介电常数(静态)	9.56
介电常数(高频)	4.46
Γ与 X 谷处能量分离	～0.7
E_Γ/eV	0.5

续表

闪锌矿多型 AlN	参数值/解释
E_L/eV	~2.3
	3.9
价带自旋轨道分裂,Δ_{so} E_{so}/eV	−9
有效电子质量,m_e	$0.23m_o$
有效孔质量(重)	$m_{hh}^{[100]}=1.02m_o$
	$m_{hh}^{[111]}=2.64m_o$
	$m_{hh}^{[110]}=1.89m_o$
有效孔质量(轻)	$m_{lh}^{[100]}=0.37m_o$
	$m_{lh}^{[111]}=0.30m_o$
	$m_{lh}^{[110]}=0.32m_o$
有效孔质量(分裂带),m_s,m_{ch},m_{so}	$0.54m_o$
Luttinger 参数(γ_1)	1.85
Luttinger 参数(γ_2)	0.43
Luttinger 参数(γ_3)	0.74

参考文献

[1] MICHAELQUIRK,JULIANSERDA. 半导体制造技术[M]. 北京：电子工业出版社,2015.

[2] 张渊,董海青. 半导体制造工艺[M]. 北京：机械工业出版社,2015.

[3] H.-S. 菲利普·黄,德基·阿金旺德,等. 碳纳米管与石墨烯器件物理[M]. 北京：科学出版社,2014.

[4] 叶志镇. 半导体薄膜技术与物理[M]. 杭州：浙江大学出版社,2008.

[5] 杨树人,王宗昌,王兢. 半导体材料[M]. 2 版. 北京：科学出版社,2004.

[6] ADACHI S. Ⅳ族、Ⅲ-Ⅴ族和Ⅱ-Ⅵ族半导体材料的特性[M]. 北京：科学出版社,2009.

[7] 吴自勤,王兵,孙霞. 薄膜生长[M]. 2 版. 北京：科学出版社,2013.

[8] 肖奇. 纳米半导体材料与器件[M]. 北京：化学工业出版社,2013.

[9] 萧宏,HONGXIAO,杨银堂,等. 半导体制造技术导论[M]. 北京：电子工业出版社,2013.

[10] 王占国,郑有. 半导体材料研究进展. 第一卷[M]. 北京：高等教育出版社,2012.

[11] 辛菲. 碳纳米管改性及其复合材料[M]. 北京：化学工业出版社,2012.

[12] 尹建华,李志伟. 半导体硅材料基础[M]. 北京：化学工业出版社,2009.

[13] 菊地正典,史迹,谭毅. 科技时代的先锋：半导体面面观[M]. 北京：科学出版社,2012.

[14] 杜中一,王永,姚伟鹏. 半导体技术基础[M]. 北京：化学工业出版社,2011.

[15] 唐元洪. 纳米材料导论[M]. 长沙：湖南大学出版社,2011.

[16] 刘锦淮,黄行九. 纳米敏感材料与传感技术[M]. 北京：科学出版社,2015.

[17] 杨德仁. 半导体材料测试与分析[M]. 北京：科学出版社,2010.

[18] 徐志军,初瑞清. 纳米材料与纳米技术[M]. 北京：化学工业出版社,2010.

[19] 张跃. 一维氧化锌纳米材料[M]. 北京：科学出版社,2010.

[20] 郭子政,时东陆. 纳米材料和器件导论[M]. 2 版. 北京：清华大学出版社,2010.

[21] 褚君浩,张玉龙. 半导体材料技术[M]. 杭州：浙江科学技术出版社,2010.

[22] 陈敬中,刘剑洪,孙学良,等. 纳米材料科学导论[M]. 北京：高等教育出版社,2010.

[23] 马洪磊,薛成山. 纳米半导体[M]. 北京：国防工业出版社,2009.

[24] 马正先,韩跃新,姜玉芝. 纳米氧化锌制备原理与技术[M]. 北京：中国轻工业出版社,2010.

[25] 叶志镇. 氧化锌半导体材料掺杂技术与应用：ZnO：doping and application[M]. 杭州：浙江大学出版社,2009.

[26] 陈翌庆,石瑛. 纳米材料学基础：Fundamentals of nanomaterials[M]. 长沙：中南大学出版社,2009.

[27] DIETERK. SCHRODER. 半导体材料与器件表征技术[M]. 大连：大连理工大学出版社,2008.

[28] 何杰,夏建白. 半导体科学与技术[M]. 北京：科学出版社,2007.

[29] 许振嘉. 半导体的检测与分析[M]. 北京：科学出版社,2007.

[30] 刘新福,杜占平,李为民. 半导体测试技术原理与应用[M]. 北京：冶金工业出版社,2007.

[31] 王占国,陈涌海,叶小玲. 纳米半导体技术[M]. 北京：化学工业出版社,2006.

[32] 邓志杰,郑安生. 半导体材料[M]. 北京：化学工业出版社,2004.

[33] 周瑞发. 纳米材料技术[M]. 北京：国防工业出版社,2003.

[34] 朱静. 纳米材料和器件[M]. 北京：清华大学出版社,2003.

[35] 成会明. 纳米碳管制备、结构、物性及应用[M]. 北京：化学工业出版社,2002.

[36] 谢孟贤,刘诺. 化合物半导体材料与器件[M]. 成都：电子科技大学出版社,2000.

[37] 郝跃,彭军,杨银堂. 碳化硅宽带隙半导体技术[M]. 北京：科学出版社,2000.

[38] 万群. 半导体材料浅释[M]. 北京：化学工业出版社,1999.

[39] 陈治明. 非晶半导体材料与器件[M]. 北京：科学出版社,1991.

[40] 孙恒慧,包宗明. 半导体物理实验[M]. 北京：高等教育出版社,1985.

[41] 孙以材. 半导体测试技术[M]. 北京：冶金工业出版社,1984.

[42] 周高还.有机半导体材料性能研究与应用前景[J].电子工业专用设备,2015,44(11):25-27.
[43] 陈海明,靳宝善.有机半导体器件的现状及发展趋势[J].微纳电子技术,2010,47(8):470-474.
[44] 张志林.有机电致发光与有机半导体的发展[J].现代显示,2006,(11):24-31.
[45] 宋登元.有机半导体材料与器件应用[J].物理,1992,21(12):713-717.
[46] 于灏,蔡永香,卜雨洲,等.第3代半导体产业发展概况[J].新材料产业,2014,(3):2-7.
[47] 王占国.半导体材料研究的新进展(续)[J].半导体技术,2002,27(4):8-11.
[48] 李建昌,王永,王丹,等.半导体电学特性四探针测试技术的研究现状[J].真空,2011,48(3):1-7.
[49] 刘新福,孙以材,刘东升.四探针技术测量薄层电阻的原理及应用[J].半导体技术,2004,29(7):48-52.
[50] 郑能瑞.锗的应用与市场分析[J].广东微量元素科学,1998,(2):12-18.
[51] 刘新福,孙以材,王静,等.微区电阻测试方法及新测试仪研制[J].微电子学与计算机,2003,20(9):55-57.
[52] 黄德超,黄德欢.碳纳米管材料及应用[J].物理学进展,2004,24(3):274-288.
[53] 王晓刚,曾效舒,程国安.碳纳米管的特性及应用[J].中国粉体技术,2001,7(6):29-33.
[54] 曹伟,宋雪梅,王波,等.碳纳米管的研究进展[J].材料导报,2007,21(s1):77-82.
[55] 孙晓刚.碳纳米管应用研究进展[J].微纳电子技术,2004,41(1):20-25.
[56] 姜靖雯,彭峰.碳纳米管应用研究现状与进展[J].材料科学与工程学报,2003,21(3):464-468.
[57] 凌玲.半导体材料的发展现状[J].新材料产业,2003,(6):6-10.
[58] 王占国.半导体材料研究的新进展[J].半导体技术,2002,27(3):8-12.
[59] 清水立生,严辉.非晶半导体的研究与应用[J].功能材料,2001,32(4):348-352.
[60] 杨红,崔容强,于化丛,等.非晶半导体发展及应用[J].半导体技术,1995,(5):57-60.
[61] 张录平,李晖,刘亚平.俄歇电子能谱仪在材料分析中的应用[J].分析仪器,2009,(4):14-17.
[62] 徐翠艳,王文新,李成.半导体陶瓷的研究现状与发展前景[J].辽宁工学院学报,2005,25(4):247-249.
[63] BHARGAVA R N. Properties of wide bandgap Ⅱ-Ⅵ semiconductors[M]. INSPEC,Institution of Electrical Engineers,1997.
[64] INIEWSKI K. Nano-semiconductors[M]. CRC Press,2011.
[65] LI C, USAMI K,YAMAHATA G,et al. Position-Controllable Ge Nanowires Growth on Patterned Au Catalyst Substrate[J]. 2009,2(1):015004.
[66] GUSEV E. Defects in High-k Gate Dielectric Stacks[J]. Nato Science,2006.
[67] WASLEY N A. Nano-photonics in Ⅲ-Ⅴ Semiconductors for Integrated Quantum Optical Circuits[M]. Springer International Publishing,2014.
[68] CAMPANY R F. To Live as Long as Heaven and Earth: A Translation and Study of Ge Hong's Traditions of Divine Transcendents[M]. University of California Press,2002.
[69] ADACHI S. Properties of Group-Ⅳ,Ⅲ-Ⅴ and Ⅱ-Ⅵ Semiconductors[J]. Pamm,2009,14(1):753-754.
[70] CAPPER P,KASAP S,WILLOUGHBY A. Properties of Group-Ⅳ,Ⅲ-Ⅴ and Ⅱ-Ⅵ Semiconductors[M]. 2005.
[71] ADACHI S. Handbook on Physical Properties of Semiconductors[J]. 2014,37(4):443-473.
[72] LEE J S,JANG J. Hetero-structured semiconductor nanomaterials for photocatalytic applications[J]. Journal of Industrial & Engineering Chemistry,2014,20(2):363-371.
[73] JOYCE H J,GAO Q,TAN H H,et al. Ⅲ-Ⅴ semiconductor nanowires for optoelectronic device applications[J]. Progress in Quantum Electronics,2011,35(2):23-75.
[74] GLEITER H. Nanostructured Materials: Basic Concepts, Microstructure and Properties[J]. Cheminform,2000,48(1):1-29.

[75] LI Y, QIAN F, XIANG J, et al. Nanowire electronic and optoelectronic devices[J]. Materials Today,2006,9(10):18-27.

[76] WRIGHT J S, LIM W, NORTON D P, et al. Nitride and oxide semiconductor nanostructured hydrogen gas sensors[J]. Semiconductor Science & Technology,2010,25(2):024002.

[77] ZHANG G,FINEFROCK S,LIANG D,et al. Semiconductor nanostructure-based photovoltaic solar cells[J]. Nanoscale,2011,3(6):2430-2443.

[78] HAYDEN O,AGARWAL R,LU W. Semiconductor nanowire devices[J]. Nano Today,2008,3(5):12-22.

[79] DASGUPTA N P, YANG P. Semiconductor nanowires for photovoltaic and photoelectrochemical energy conversion[J]. 物理学前沿(英文版),2014,9(3):289-302.

[80] DAI Q,DUTY C E,HU M Z. Semiconductor-Nanocrystals-Based White Light-Emitting Diodes[J]. Small,2010,6(15):1577-1588.

[81] PICRAUX S T,DAYEH S A,MANANDHAR P,et al. Silicon and germanium nanowires: Growth, properties,and integration[J]. JOM,2010,62(4):35-43.

[82] MIKOLAJICK T,WEBER W M. Silicon Nanowires: Fabrication and Applications[M]. Springer International Publishing,2015.

[83] SCHMIDT V,WITTEMANN J V,SENZ S,et al. ChemInform Abstract: Silicon Nanowires: A Review on Aspects of Their Growth and Their Electrical Properties[J]. Advanced Materials,2010,21(25-26):2681-2702.

[84] TONG H,OUYANG S,BI Y,et al. Nano-photocatalytic materials: possibilities and challenges[J]. Cheminform,2012,24(2):229-251.

[85] STEPHEN J,FAN R. Wide Bandgap Semiconductor One-Dimensional Nanostructures for Applications in Nanoelectronics and Nanosensors[J]. Nanomaterials & Nanotechnology,2013,3(3):1.

[86] 孙宏宇. 低维Ⅱ-Ⅵ族半导体纳米结构的控制生长[D]. 秦皇岛:燕山大学,2010.

[87] 易明铣. 硅禁带宽度的温度关系[J]. Journal of Semiconductors,1987,8(4):391-394.